家训二十讲

王杰 著

中共中央党校出版社

图书在版编目（CIP）数据

家训二十讲 / 王杰著 . -- 北京：中共中央党校出版社，2023.11

ISBN 978-7-5035-7460-3

Ⅰ.①家… Ⅱ.①王… Ⅲ.①家庭道德—中国 Ⅳ.① B823.1

中国版本图书馆 CIP 数据核字（2022）第 255141 号

家训二十讲

策划统筹	刘　君
责任编辑	卢馨尧
装帧设计	一亩动漫
责任印制	陈梦楠
责任校对	魏学静
出版发行	中共中央党校出版社
地　　址	北京市海淀区长春桥路 6 号
电　　话	（010）68922815（总编室）　（010）68922233（发行部）
传　　真	（010）68922814
经　　销	全国新华书店
印　　刷	中煤（北京）印务有限公司
开　　本	710 毫米 × 1000 毫米　1/16
字　　数	129 千字
印　　张	12
版　　次	2023 年 11 月第 1 版　2023 年 11 月第 1 次印刷
定　　价	50.00 元

微 信 ID　中共中央党校出版社　　　邮　箱　zydxcbs2018@163.com

版权所有・侵权必究
如有印装质量问题，请与本社发行部联系调换

目录

绪　论 ………………………………………………………… 001

第一讲　《诫伯禽书》：中国第一部成文家训 …………… 007

第二讲　《命子迁》：没有它就没有《史记》 …………… 015

第三讲　《诫子书》：非淡泊无以明志 …………………… 024

第四讲　《颜氏家训》：古今家训，以此为祖 …………… 034

第五讲　《朱柏庐治家格言》：治家之经 ………………… 046

第六讲　《包拯家训》：三十七字，字字珠玑 …………… 052

第七讲　《放翁家训》：后生之药石 ……………………… 059

第八讲　《诲学说》：玉不琢，不成器 …………………… 069

第九讲　《诫皇属》：帝王家训的代表作 ………………… 076

第十讲　《训俭示康》：俭能立名，侈必自败 …………… 084

第十一讲	《谢氏家训》：家族文化绵延千载的秘诀	096
第十二讲	《郑氏家范》：天下家法第一文典	104
第十三讲	《钱氏家训》：千年第一世家是如何炼成的	113
第十四讲	《弟子规》：蒙学经典	123
第十五讲	《江州义门陈家训》：公廉楷模　齐家典范	131
第十六讲	《家诫》：家和万事兴	142
第十七讲	《手镜》：心清、行慎、身勤	150
第十八讲	《曾国藩家书》：真实生动的生活宝鉴	161
第十九讲	《梁启超家书》：家国情怀　奉献社会	171
第二十讲	《傅雷家书》：苦心孤诣的教子名篇	180

绪 论

随着社会发展,虽然现代家庭结构与中国传统家庭相比,发生了巨大变化,但是中国传统文化的智慧对构建现代和谐家庭仍具有重要的现实意义。

中国传统文化中的仁义礼智信、温良恭俭让、礼义廉耻、孝悌忠信等核心价值观,既是中国传统道德文明的源头活水,也是现代道德建设和公民道德建设的源泉和基础,对促进现代家庭人际和谐、构建和维护现代家庭伦理关系有重要且深远的意义,是构建现代和谐家庭的有力支撑。

经过5000多年的文明积淀,尊老爱幼、贤妻良母、母慈子孝、妻贤夫安、相夫教子、兄友弟恭等优秀传统文化的基因,已深植于中国人的心灵,已融入中国人的血脉,成为家庭和睦、社会和谐的基石,成为中华民族重要的文化基因和独特的精神标识。中国传统社会的伦理肇始并植根于家庭伦理,人的品德培养和道德教育也从家庭开始,儒家伦理把中国传统社会的人际关系概括为"五伦":君臣、父子、夫妇、兄弟、朋友。并规定了每一个人、每一种伦理角色所应承担的责任和应尽的义务,那就是"父子有亲、君臣有义、夫妇有别、长幼有序、朋友有信"。同时,治家与治国是一个道理,要以治家的伦理精神治国,治国也始于治家。《汉书》有云:"一屋不扫,何以扫天下?"墨子也认为"治天下之国若治一家"。

在中华5000多年的文明积淀中,关于家的描述比比皆是。例如舍"小家"、为"大家",家和万事兴,家是最小国、国是千万家,有家才有国,国之本在家,等等。习近平总书记指出:"在家尽孝、为国尽忠是中华民族的优良传统。没有国家繁荣发展,就没有家庭幸福美满。同样,没有千千万万家庭幸福美满,就没有国家繁荣发展。"[1]家与国密切相连,人们不管走到哪里、走得再远,都不会忘记自己的家;中国人的精神纽带是"家",先是修身、齐家,才能治国、平天下,进而实现抱负和理想。

习近平总书记曾多次强调家风家教对社会的重要性,那么家风家教对家庭教育与孩子成长有着怎样的影响?

中华民族历来注重家庭、家教、家风,家庭和睦则社会安定,家庭幸福则社会祥和,家庭文明则社会文明。党的十八大以来,习近平总书记对家庭、家教和家风建设有许多重要论述。他指出:"千家万户都好,国家才能好,民族才能好。"[2]

---

[1] 中共中央党史和文献研究院编:《习近平关于注重家庭家教家风建设论述摘编》,中央文献出版社2021年版,第71页。

[2] 中共中央党史和文献研究院编:《习近平关于注重家庭家教家风建设论述摘编》,中央文献出版社2021年版,第4页。

他强调:"家庭是人生的第一个课堂,父母是孩子的第一任老师。孩子们从牙牙学语起就开始接受家教,有什么样的家教,就有什么样的人。"[1]家风是社会风气的重要组成部分,他尤其强调,"领导干部的家风,不仅关系自己的家庭,而且关系党风政风"[2]。他要求:"把家风建设作为领导干部作风建设的重要内容,弘扬真善美、抑制假恶丑,营造崇德向善、见贤思齐的社会氛围,推动社会风气明显好转。"[3]

忠厚传家家长久,诗书继世世代香。家风是个人健康成长的基石。孟母三迁、陶母退鱼、岳母刺字、画荻教子等自古流传下来的故事,都说明有良好的家风,个人就有健康的成长环境。从孔子的"诗礼庭训",到诸葛亮的诫子格言、司马光的《家范》以及《颜氏家训》;从朱熹的《朱子家训》,到《梁启超家书》《曾国藩家书》,再到新中国成立后的《傅雷家书》,好的家规家训不断得到传承和发扬,教育着后世子孙朝着仁、义、礼、智、信的方向成长成才。

家庭教育涉及很多方面,最重要的是品德教育,是如何做人的教育。也就是古人说的"爱子,教之以义方","爱之不以道,适所以害之也"。家风是社会风气的重要组成部分,家庭不只是人们身体的住处,更是人们心灵的归宿。家风好,就能家道兴

---

[1] 中共中央党史和文献研究院编:《习近平关于注重家庭家教家风建设论述摘编》,中央文献出版社2021年版,第18页。

[2] 中共中央党史和文献研究院编:《习近平关于注重家庭家教家风建设论述摘编》,中央文献出版社2021年版,第24—25页。

[3] 中共中央党史和文献研究院编:《习近平关于注重家庭家教家风建设论述摘编》,中央文献出版社2021年版,第34页。

盛、和顺美满；家风差，难免殃及子孙、贻害社会，正所谓"积善之家，必有余庆；积不善之家，必有余殃""道德传家，十代以上；富贵传家，不过三代"。

家庭是人安身立命之所，也是道德养成之根，重视家风建设必须高度重视提升广大家庭对核心价值观的认同感、责任感，并以践行社会主义核心价值观作为新时代的家训、家规，把家庭打造成践行社会主义核心价值观的首善之地。同时，还要弘扬中华民族传统家庭美德，并为家庭文明建设注入新的时代精神，倡导家庭成员做夫妻和睦、孝老爱亲、科学教子、勤俭节约、邻里互助的典范。中华传统文化的智慧是把孝亲、尊祖等家庭伦理扩展至国家治理，认为如同以孝道伦理维护宗族一样也应以忠孝伦理维持国家。孝道是维系整个社会秩序的支柱，源于天然血亲之爱中，爱亲之情、仁爱之心天生就有，人性本善，人道天生，人道即是天道在人世社会的体现。把家庭和谐作为社会和谐的基础，把家庭成员之间的义务和责任建立在亲情仁爱的基础上，这是中国特色也是中国家庭文化传统中积极的因素。

每一代群体都有各自的使命，当孩子与父母之间的观念产生巨大分歧，应该如何利用传统文化来处理好家庭成员关系，进行家文化教育？

尊老爱幼、妻贤夫安、母慈子孝、兄友弟恭、耕读传家、勤俭持家、知书达礼、遵纪守法、家和万事兴等中华民族传统家庭美德，铭记在中国人的心灵中，融入中国人的血脉，是支撑中华民族生生不息、薪火相传的重要精神力量，是家庭文明建设的宝贵精神财富。习近平总书记强调："要在家庭中培育和践行社会主义核心价值观，引导家庭成员特别是下一代热爱党、热爱祖国、热爱人民、热爱中华民族。要积极传播中华民族传统美德，传递尊老爱幼、男女平等、夫妻和睦、勤俭持家、邻里团结的观念，倡导忠诚、责任、亲情、学习、公益的理念，推动人们在为家庭谋幸福、为他人送温暖、为社会作贡献的过程中提高精神境界、培育文明风尚。"①

随着时代的发展，人的思想观念也在不断与时俱进，然而对于传承了几千年的中华传统美德，我们不应将其束之高阁，而应该去积极践行。经历了多个朝代的发展，"孝"的内涵愈益丰富。

首先，要做到奉养父母。《礼记·内则》记载："孝子之养老也，乐其心，不违其志，乐其耳目，安其寝外，以其饮食忠养之。"孝子对父母奉养，要做到不违背父母的意愿，让父母从心里和耳目上感到愉悦快乐，休息起居安逸，提供饮食奉养父母。

其次，要做到爱敬父母。在为父母提供物质生活的基础上，还要关照父母的精神生活，正如孔子所说的"不敬，何以别乎？"《大戴礼记·曾子立孝》记载"君子之孝也，忠爱以敬，反是乱也"。

再次，在爱自己父母的基础上推及爱他人。孟子认为："人人亲其亲，长其长，而天下平。"在此基础上，如能做到"老吾老，以及人之老，幼吾幼，以及人之幼"，那么整个社会就会形成尊老爱幼的良好氛围。

---

① 中共中央党史和文献研究院编：《习近平关于注重家庭家教家风建设论述摘编》，中央文献出版社2021年版，第19页。

最后，泛爱天地万物。孟子说："亲亲而仁民，仁民而爱物。"董仲舒云："鸟兽鱼虫莫不爱。"《礼记·祭义》引孔子话说："断一树，杀一兽，不以其时，非孝也。"就是把人与天地万物看作一体，大化流行，生生不息，不是把大自然看作征服战胜的对象，而看作是朋友。

中国人历来讲求"人必有家，家必有训"。家训，一般也称为家诫、家范、庭规等，家训的意思是指家庭或者家族之中长辈对子孙的教育、垂诫和训示。所以，家法家训的最早起源，就是家庭或家族为了维持他们的宗族稳定发展，而拟定一系列行为规范来约束家族中的所有人。

家训，是中国传统文化的重要组成部分，也是家庭教育的重要组成部分，对个人的修身、齐家发挥着重要作用。

从先秦时期一直到明清，中国古代流传至今的家训经典可谓是汗牛充栋。其中很大一部分是为政者教育子孙如何修身做人、为官从政的垂诫，从中可以彰显出为政者的官品与官德。为了更好地发挥这些家训的引领和启迪作用，我们从历史上浩如烟海的家训中撷取具有代表性的家训，以资借鉴和学习。

第一讲
《诫伯禽书》：中国第一部成文家训

《诫伯禽书》被称为"中国第一部成文家训"。《诫伯禽书》的作者是周公。周公是何许人也？让我们先对他有一个大致的了解。

> 周公大约生活在公元前1100年，姓姬，名旦，是周文王姬昌的第四个儿子，周武王姬发的弟弟，曾两次辅佐武王东伐纣王，并制礼作乐。因其采邑在周，爵位为上公，故称周公。
>
> 周公是西周初期杰出的政治家、军事家、思想家、教育家，被尊为"元圣"和儒学先驱。

周公历经文王、武王、成王三代，既是创建西周王朝的开国元勋，又是稳定西周王朝、促使"成康之治"的主要决策人。周公的功绩被《尚书·大传》概括为："周公摄政，一年救乱，二年克殷,三年践奄,四年建侯卫,五年营成周,六年制礼乐,七年致政成王。"先看看前三句:"一年救乱,二年克殷,三年践奄。"意思是,在成王继位初期,武王的两个兄弟管叔、蔡叔与纣王之子武庚一起发动叛乱,并且得到了一些东方小国的支持,其中就有奄国(奄国,是商末周初的一个小国,其国都在现在的山东曲阜)。当时辅政的周公东征平叛,并灭了奄国,所以有"一年救乱,二年克殷,三年践奄"之说。第四句:"四年建侯卫。"指的是周公把弟弟康叔分封到卫这个地方(今河南淇县),成为了卫国第一代国君,令其管理殷墟附近的商朝遗民。实际上,这就是周朝的一种政治制度,即分封制。第五句:"五年营成周。"指的是周公为加强对东方的控制,经营洛邑为东都。第六句:"六年制礼乐。"说的是周公颁布了一系列礼乐制度,严格区分上下尊卑,加强周的统治。最后一句:"七年致政成王。"周成王20岁时,已经是成年人了,周公就把权力交还给了成王。这是对周公一生功绩的概括。周朝从公元前1046—前256年,共791年,奠定了近800年的统治基业。西汉初年的文学家、政论家贾谊评价周公是"集大德、大功、大治于一身"之人。他还说:"孔子之前,黄帝之后,于中国有大关系者,周公一人而已。"可见周公在古代社会及思想文化史上的影响之大。

那么,《诫伯禽书》缘何而来呢?公元前1046年,周武王灭商后,把周公封在了鲁地,但周公因为辅佐朝政,日理万机,没有时间就封,就让自己的儿子伯禽代为就位。伯禽是周公长子,鲁国第一任国君。《诫伯禽书》就是在伯禽去封地之前,周公告诫儿子的一段话。《诫伯禽书》是把如何从政提升至"王家"兴衰存亡的高度来认识的，对后世有着深远的影响，开中国古代仕宦家训的先河，被誉为"中国第一部成文家训"。

下面，我们就一起来共同学习《诫伯禽书》的主要内容。

君子不施其亲，不使大臣怨乎不以。故旧无大故则不弃也，无求备于一人。

君子力如牛，不与牛争力；走如马，不与马争走；智如士，不与士争智。

德行广大而守以恭者，荣；土地博裕而守以俭者，安；禄位尊盛而守以卑者，贵；人众兵强而守以畏者，胜；聪明睿智而守以愚者，益；博文多记而守以浅者，广。去矣，其毋以鲁国骄士矣！

这段话用现在的语言表达就是：有德行的人不怠慢他的亲戚，不让大臣抱怨没被任用。老臣故人没有发生严重过失，就不要抛弃他。不要对某一人求全责备。

有德行的人即使力大如牛，也不会与牛竞争力的大小；即使飞跑如马，也不会与马竞争速度的快慢；即使智慧如士，也不会与士竞争智力高下。

德行广大者以谦恭的态度自处，便会得到荣耀。土地广阔富饶，用节俭的方式生活，便会永远平安；官高位尊而用卑微的方式自律，你便更显尊贵；兵多人众而用畏怯的心理坚守，你就必然胜利；聪明睿智而用愚陋的态度处世，你将获益良多；博闻强记而用肤浅自谦，你将见识更广。上任去吧，不要因为鲁国的条件优越而对士骄傲啊！

从这部家训，既能看出周公对儿子的谆谆教诲，更能体悟出他的为官品德。

周公为政的第一大官德就是礼贤下士、尊重人才。周公曾为见贤人而"一沐三握发，一饭三吐哺"。周公辅佐年幼的成王，建设国家，恢复生产，制定国家发展规划，制作礼乐制度，镇压反周势力，消除周边隐患，安抚商朝遗老，等等，可谓政务繁忙、日理万机。就连洗澡都有人打搅，古时候男人头发长，周公握着湿头发从浴室跑出来，接见完了，又回去接着洗，以致反复多次。至于吃饭，周公也在处理政务，吃一口饭，不等嚼完又得吐出来，因为又有客人来求见了，所以一饭三吐哺。

后世一些有志向的政治家，也以周公的精神勉励自己。如三国时期的曹操在《短歌行》中有一句我们都很熟悉的"山不厌高，海不厌深；周公吐哺，天下归心"的诗句，就是以学习周公吐哺的精神，抒发自己思贤若渴的心情。

在周公之后，历代统治者招揽人才、引为己用，实现治国平天下的故事还有很多。如战国时期，燕昭王筑黄金台的故事。公元前314年，燕国发生了内乱，临近的齐国乘机出兵，侵占了燕国的部分领土。燕昭王当了国君以后，为消除内乱，决心招纳天下有才能的人，振兴燕国，夺回失土。为此，燕昭王向一个叫郭隗的人请教，怎样才能得到贤良的人。郭隗讲了一个故事：从前有位国君，愿意用千金买一匹千里马。可是3年过去了，千里马也没有买到。这位国君手下有一位侍臣，自告奋勇请求去买千里马，国君同意了。这个人用了3个月的时间，打听到某处人家有一匹良马。可是，等他赶到这家时，马已经死了。于是，他就用500金买了马的骨头，回去献给国君。国君看了用很贵的价钱买的马骨头，很不高兴。买马骨的人却说，我这样做，是为了让天下人都知道，大王您是真心实意地想出高价钱买马，并不是欺骗别人。果然，不到一年时间，就有人送来了3匹千里马。郭隗讲完上面的故事，又对燕昭王说："大王要是真心想得人才，也要像买千里马的国君那样，让天下人知道您是真心求贤。您可以先从我开始，人们看到像我这样的人都能得到重用，比我更有才能的人就会来投奔你。"燕昭王认为有理，就拜郭隗为师，给他优厚的俸禄。之后，燕昭王还在沂水之滨修筑了一座高台，用来招揽天下的贤士，在高台上，燕昭王还放置了几千两的黄金，送给那些贤士，后来这座高台便成了著名的"黄金台"。不久，其他六国的政治家、军事家争相来投奔燕国。其中就有一位杰出的帅才——军事家乐毅！在这些人才的辅佐下，燕国终于强盛起来，打败了齐国，夺回了被占领的土地。

　　与曹操同时期的刘备"三顾茅庐"的故事，更是被传为礼贤下士的千古美谈。东汉末年，诸葛亮居住在隆中[①]的茅庐里。谋士徐庶向刘备推荐说：诸葛亮是个奇才。刘备为了请诸亮帮助自己打天下，就同关羽、张飞一起去请他出山。可是诸葛亮不在家，刘备只好留下姓名，怏怏不乐地回去。隔了几天，刘

---

　　① "隆中"在哪里有争论：一说在河南省南阳市南郊；一说在湖北省襄阳市西郊。清咸丰年间，湖北人顾嘉衡任南阳郡守："心在朝廷，原无论先主后主；名高天下，何必辨襄阳南阳。"本意是平息争端，息事宁人，结果更引发一波又一波口舌之争，堪称文史学界一大"奇观"。

备打听到诸葛亮回来了，又带着关羽、张飞冒着风雪前去。哪知诸葛亮又出门了，刘备他们又空走一趟。刘备第三次去，终于见到了诸葛亮。在交谈中，诸葛亮对天下形势作了非常精辟的分析，令刘备十分叹服。刘备三顾茅庐，使诸葛亮非常感动，答应出山相助。刘备尊诸葛亮为军师，对关羽、张飞说："我之有孔明，犹鱼之有水也。"诸葛亮见到刘备有志替国家做事，而且诚恳地请他帮助，就出来全力帮助刘备建立蜀汉王朝。诸葛亮在著名的《出师表》中，也有"先帝不以臣卑鄙，猥自枉屈，三顾臣于草庐之中"之句。

周公为政的第二个大德就是谦虚谨慎、谨言慎行。谨言慎行是指言语行动要小心谨慎。立言当慎，不仅仅是威严所系，更重要的是关乎社会成本。《礼记》中记载："君子道人以言，而禁人以行。故言必虑其所终，而行必稽其所敝；则民谨于言而慎于行。"这句话的意思是，政令的实施，要考虑时机是否成熟，是否势在必行，如果是涉及全局的政令要小心慎重地出台。如果朝令夕改，一定会引起社会运行机制和运行轨道的改变以及老百姓的行为和心理的调整，特别是转换和调适的过程，通常都要付出一定的社会成本。

古人说：口乃心之门户。病从口入，祸从口出，莫之为甚。一句不当，便可能招来杀身之祸。也就是晋朝傅玄《口铭》中的"祸从口出"，意思是灾祸从口里产生出来，指说话不谨慎容易惹祸。《庄子》云："言者，风波也"，一个人说话要特别注意，有时一句话是双刃刀，害自己也害别人，兽有长舌不能说，人有短舌不该说，你以为自己能说会道，巧舌如簧，其实倒霉的事很多就是从自己的嘴里引出来的。中国历史上有太多血淋淋的故事告诉我们"祸从口出"的代价。

孔融让梨的故事相信大家都听过，《三字经》里拿"融四岁，能让梨"作为君子谦让的典故，让后世孩子学习。长大后的孔融的确是道德君子，堪称后人学习的典范。然而，就是这样一个优秀的人，却因说错话而导致全家被杀，不禁令人叹息遗憾。这又是什么缘故呢？

事情发生在建安九年（公元204年）八月，曹操率大军攻取冀州邺城以后，听说袁绍之子袁熙的妻子甄宓是个绝色美人，让人将她带来见自己，但自己儿子曹丕沉迷于袁熙的妻子甄氏，于是曹操就将甄氏赐予曹丕。孔融看到这一幕，十分不满，于是就写信给曹操："武王伐纣，把妲己赏赐给周公。"曹操一想，自己也是熟读史书的人，却不知这个典故，于是就很谦虚地询问孔融这句话的出处。孔融讥讽地回答："按现在的事情量一量，想当然而已。"曹操这才明白，孔融在嘲讽自己将甄宓许配给曹丕一事。但由于孔融的威望和孔家地位，只好网开一面。但孔融仍不知收敛，依然对曹操讽刺、挖苦。后来，孔融做了一件事，触犯了曹操的底线。孔融上奏说："应当遵照古时京师的体制，千里以内，不得封建诸侯。"曹操挟持汉献帝，就是想借助汉献帝这块招牌，替自己夺取天下。天下是曹操打下的，曹操断然不会将天下交还给汉献帝。孔融动了曹操的根本利益，让曹操有了杀他之心。而孔融一而再再而三地言语冒犯，曹操终于忍无可忍，编造了一个不忠不孝的罪名，将孔融满门抄斩。

从孔融之死可见，如果一个人不懂得闭嘴，很可能会赔上全家的性命。如果孔融学会闭嘴，就算不对曹操说阿谀奉承的话，也至少应该懂得保持适时沉默，这样不仅可保全少时清名，最终也会得以善终。

事实上，因不会说话而导致灾祸的不仅孔融一人。民间曾流传着这样一个故事：有个大臣在和慈禧太后下象棋时，半开玩笑地说："我杀您一个马！"谁知，慈禧太后大怒："你杀我一个马，我杀你全家！"最后，这个大臣因为一句话而丢了全家性命，付出了惨重代价。希望大家都能够以史为鉴，说话要谨慎，一旦祸从口出，则追悔莫及。

总之，周公对侄子成王、儿子伯禽的谆谆教诲，其目的是让他们务必要养成勤政爱民、谦虚谨慎、自爱自律、礼遇贤才的良好作风。《尚书·无逸》记载，周公教导成王勤俭执政时说："君子所其无逸，先知稼穑之艰难。"这句话后来成为历代诸多帝王用来教育子孙后代，做人不要贪图安逸享乐、骄奢淫逸的名训。周公特别强调为政要修己敬德，杜绝骄奢淫逸，以免重蹈殷商因为失德而亡国的覆辙。周公对国之隐忧认识得很深刻，他认为国家真正的隐患不在于当前而在于后嗣。因此，他对成王的教育非常重视，这种教育既包含治国理政等才能的培养，也包括个人思想道德品格的塑造。在周公的悉心教育下，周成王逐渐成长起来，成为一代明君。而伯禽也没有辜负父亲的殷切期盼，用了很短的时间，就把鲁国治理成了闻名遐迩的礼仪之邦，那里务本重农、民风淳朴、崇教敬学，令人向往。

第二讲
《命子迁》：没有它就没有《史记》

司马谈是西汉著名史学家司马迁的父亲。毫不夸张地说，如果没有司马谈所作的家训《命子迁》，可能就没有后来司马迁的史学巨著《史记》。为什么这样说呢？我们先来认识一下司马谈。

> 司马谈（约公元前169—前110年），西汉著名史学家，左冯翊夏阳（今天陕西韩城）人，为汉初五大夫，汉武帝建元、元封年间曾任太史令、太史公。司马谈有非常广博的学问和深厚的修养，他曾随当时著名天文学家唐都学习天文和历法知识，师从易学家杨何学习《周易》，并对黄老之学进行了深入的钻研。通过学习这些知识，司马谈为自己以后作太史令打下了坚实的基础。

司马谈流传下来的文章比较著名的有《论六家要旨》。这篇文章被司马迁收录到了《史记·太史公自序》中。在《论六家要旨》中，司马谈首次分析、梳理和总结了春秋战国时期以后出现的重要学术流派，并且把先秦时的主要学说概括为阴阳、儒、墨、名、法、道德六家，并加以具体的介绍和论述。司马谈所创造的六家之说，成为后人重要的学习借鉴对象。后来司马迁在《史记》中给先秦诸子所作的传，事实上就是从司马谈的《论六家要旨》文章中得到了重要的启示和借鉴。《论六家要旨》实际上也是西汉末期的名儒刘向、刘歆父子给先秦诸子分类时采用的重要基础资料。

司马谈在年轻的时候就立志要撰写一部古代通史。在司马谈任太史令的时期，他有机会接触到大量的文献和书籍，方便他广泛地搜集和涉猎各种资料。在汉武帝元封元年（公元前110年），司马谈作为太史令，跟随汉武帝前往泰山封禅，不幸在途中身染重病，没过多久就去世了。在司马谈弥留之际，他的儿子司马迁急忙赶来探望父亲。司马谈对儿子谆谆嘱咐道：你一定要继承我的遗志，写好这一部史书。

以上就是这部家训《命子迁》的由来。那么，司马谈究竟在这部家训中说了什么？从中可以得出什么样的启迪呢？让我们掀开尘封的历史，走进这部家训。

余先周室之太史也。自上世尝显功名于虞夏，典天官事。后世中衰，绝于予乎？汝复为太史，则续吾祖矣。今天子接千岁之统，封泰山，而余不得从行，是命也夫，命也夫！余死，汝必为太史；为太史，无忘吾所欲论著矣。且夫孝始于事亲，中于事君，终于立身。扬名于后世，以显父母，此孝之大者。夫天下称诵周公，言其能论歌文武之德，宣周召之风，达太王、王季之思虑，爰及公刘，以尊后稷也。幽厉之后，王道缺，礼乐衰，孔子修旧起废，论《诗》《书》，作《春秋》，则学者至今则之。自获麟以来四百有余岁，而诸侯相兼，史记放绝。今汉兴，海内一统，明主贤君忠臣死义之士，余为太史而弗论载，废天下之史文，余甚惧焉，汝其念哉！

这部家训用现在的话说就是：我们的先祖是周朝的太史。远在上古的虞朝和夏朝便彰显了功名，执掌天文之事。后世衰落了，今天（这项事业）会断送在我的手里吗？你要继续做太史，要接续我们祖先（流传下来）的事业。现在天子继承汉朝千年一统的大业，在泰山举行隆重的封禅典礼，遗憾的是，我因病不能随行了，这就是命啊，就是命啊！我死之后，你一定要做太史；做了太史，不要忘记我想要撰写史书的愿望。什么是孝道：孝道就是从奉养双亲开始，进而侍奉君主，最终在于立身扬名。扬名后世，使自己的父母显贵，这就是最大的孝道。天下人都在称道赞美周公，说他能够歌颂文王、武王的功德，宣扬周公、召公的风尚，通晓太王、王季（周文王之父）的思想，乃至于文王的祖先公刘的功业，并尊崇周朝的始祖后稷。周幽王、厉王以后，王道日渐衰败，礼乐日渐衰颓，孔子研究整理旧有的典籍，修复、振兴被废弃、破坏的礼乐，论述《诗经》《书经》，写作《春秋》，学者至今都以此作为准则。

自春秋末期鲁哀公十四年孔子作《春秋》（鲁隐公元年前722年到鲁哀公十四年前481年，共242年时间），到现在已经

400余年，400年来，各诸侯国相互兼并，史书毁坏殆尽。如今汉朝兴起，海内统一，明主、贤君、忠臣、死义之士，我作为太史未能对这些人予以做传载录评论，自古以来的修史传统中断了，对此我感到诚惶诚恐，你可要记在心上啊！

司马谈希望自己死后，司马迁能继承他的未竟事业，更不要忘记撰写史书，并认为这就是"大孝"。自孔子死后的400多年间，诸侯兼并，史记断绝，当今海内一统，明主贤君、忠臣义士等的事迹，司马谈作为一名太史而不能尽到写作的职责，内心感到十分惶惧不安。所以他热切希望司马迁能完成他念念不忘的大业。

我们从这篇《命子迁》中，可以看到司马迁父亲司马谈的两大品行。

第一，忠诚于国家的史学事业。司马谈学识渊博，学富五车。司马谈在汉武帝时期担任国家的太史令，一般通称为太史公。太史令的主要职责是掌管国家的天时和星历，以及负责记录国家历史、搜集和保管典籍文献。可以说，这个职位就像是汉武帝为司马谈定制的一般。因此，司马谈对汉武帝确实是感恩戴德而且尽心尽力。

司马迁面对即将去世的父亲感到非常悲伤，他流着泪，对父亲肯定地说："儿子我虽然才能有限，但是一定会尽全力完成父亲的遗愿！"我们知道，司马迁所说的父亲的遗愿，实际上就是要撰写《史记》。司马迁要让这部史书达到"究天人之际，通古今之变，成一家之言"以及"藏之名山，传之其人"的高度。三年之后，司马迁果真当上了太史令，他开始利用国家的藏书来撰写这部"史家之绝唱"——《史记》。

然而在不久之后，发生了李陵事件（李陵是西汉名将飞将军李广的孙子）。天汉二年（公元前99年）夏天，李陵曾率军与匈奴作战，由于他得不到主力部队的后援，弹尽粮绝，不幸被俘，然后投降。对李陵事件，司马迁正直地站出来，替李陵说了一些公道话。司马迁认为李陵战败投降的原因是寡不敌众，而不是背叛汉朝。这个说法直接触怒了汉武帝，于是司马迁就被投进了监狱。他因为家里没钱赎罪，所以又被判处了极为残酷的"腐刑"。这次受刑，让司马迁遭受了巨大的耻辱，他不堪忍受精神和肉体上的极大痛苦，曾一度打算自杀。但是，他一想到父亲的遗愿，一想到父亲和自己费尽千辛万苦而搜集来的文献典籍资料，他知道自己还没到死的时候，还有《史记》的伟大事业在等着他去创造和完成。如果他死去，就意味着修史事业的中断，正所谓"堕先人所言，罪莫大矣"。所以，司马迁又重新鼓起勇气，开始夜以继日地继续撰写《史记》。

公元前91年，司马迁用了一生的精力终于完成了鸿篇巨制——《史记》。《史记》是中国历史上的第一部纪传体通史，记载了自上古传说中的黄帝时代，至汉武帝太初四年间共3000多年的历史。此后，各朝各代的史书，基本都以《史记》的体裁为模板。而且在文学方面，《史记》所取得的成就和影响力也很大。《史记》当中所记载的许多历史人物和历史事件，之后也发展成为小说和戏剧的题材。特别是《史记》的文学和艺术创作手法，也是后来许多文学家争相学习效仿的对象。

司马谈在《史记》上并没能亲自动手撰写，但是却为司马迁撰写《史记》积累了大量的一手文献资料，并且《史记》中部分论点也是来自于司马谈。《史记》中比较著名的几篇文章，如《刺客列传》《郦生陆贾列传》《樊郦滕灌列传》《张释之冯唐列传》等多篇名作的"赞语"，实际上就是司马迁引用了父亲司马谈的观点。

司马迁之后，到明末清初，浙江出了一位史学大家谈迁，同样因写了一部史书而名垂青史。谈迁自幼刻苦好学，博览群书，尤其喜爱历史，立志要编写一部翔实可信的明史。但由于他家境贫寒，没有钱买书，只得四处借书抄写。有一次，为了抄一点史料，竟带着干粮走了100多里路。经过20多年的奋斗，六次修改，谈迁终于在50多岁时完成了一部400多万字的明朝编年史——《国榷》。面对这部可以流传千古的鸿篇巨制，谈迁心中的喜悦可想而知。可是，就在书稿即将付印前发生了一件意想不到的事情。一天夜里，小偷溜进他家，见家徒四壁，无物可偷，以为锁在竹箱里的《国榷》原稿是值钱的财物，就把整个竹箱偷走了。从此，这部珍贵的书稿就杳无音信、下落不明了。20多年的心血转眼之间化为乌有，这对任何人来说都是致命的打击，更何况此时的谈迁已经是体弱多病的老人了。他茶饭不思，夜难安寝，只有两行热泪在不停流淌。很多人以为他再也站不起来了，但厄运并没有打垮谈迁，他很快从痛苦中挣脱出来，又回到了书桌旁，下决心从头撰写这部史书。经过4年的努力，他再次完成了新书的初稿。为了使这部书更加完备、准确，59岁的谈迁携带书稿，特地到了都城北京。在北京的那段时间，他四处寻访，广泛搜集前朝的逸闻，并亲自到郊外去考察历史的遗迹。他一袭破衫，终日奔波在扑面而来的风沙中。面对孤灯，他不顾年老体弱，奋笔疾书，他知道生命留给自己的时间已经不多。又经过了几年的挑灯夜战，一部新的《国榷》诞生了。新写的《国榷》共108卷，428万多字，内容比原先的那部更加翔实、精彩，是一部不可多得的明史巨著。谈迁自幼家贫而刻苦好学，一生未曾浸染于官场，只靠抄书、代笔维持生计。谈迁虽"穷"，然志不穷，在当时史书都是由官方编撰的环境下，立志私人写史，数易其稿而不倦，其精神值得我们每个人学习。

第二，注重对子女的言传身教。司马谈不仅是一位饱学之士，他还很关心现实社会和政治，对个人的史学事业和职责都十分负责忠诚，他很看重如何对儿子司马迁进行更好的教育。

司马迁也确实是不负父亲的期望，他在父亲司马谈的谆谆教导之下，从小就养成了刻苦读书的良好习惯，书中记载司马迁"年十岁则诵古文"的才学。为了给儿子创造更好的学习条件，让他能继承自己太史的史学事业，司马谈特意安排司马迁请教当时著名学者孔安国和董仲舒等人，向他们学习古代历史经典文献，这为司马迁打下了深厚的学术根基。

当时，中国四大发明中的印刷术和造纸术还没出现，书籍数量很少。由于秦始皇发动了震惊世人的"焚书坑儒"，古代的经典文献典籍就剩下了一些残文断简，内容残缺不全，记载也很简略，一些内容还出现了彼此矛盾、冲突，甚至是真假难辨的情况。对于这些问题，司马谈建议并鼓励司马迁亲自到各地各处去走一走、看一看，到现场实地考察各地的地理民俗面貌、风土人情和实际情况，亲眼观看历史文化遗迹，去搜集和整理文献典籍上没有记录过的奇闻逸事、民间轶事。

在古代，这样的行为实际上是非常大胆破格的。司马迁在当时才 20 岁左右，古人通常遵照儒家的教导，认为"父母在，不远游"，而到异地远方去观光旅游是类似于"不孝"的举动。况且，那个年代的交通也是很不便利的，如果一个人在外其实是很危险的。

司马谈建议和鼓励司马迁去远游考察，他还具体详细地嘱咐司马迁在路上要小心和注意的情况，比如可以通过寻找什么线索才能搜索到需要的文献资料。于是，司马迁自长安出发，从武关到南阳，经过江陵渡江南下，在汨罗江边，他拜会屈原的葬身处。司马迁来到九嶷山瞻仰了舜帝陵，然后又到庐山，实地考察了大禹治水留下的遗址。此后，司马迁还到了会稽，看到了传说中的大禹的禹穴，也听闻了春秋时期越王勾践卧薪尝胆的著名故事，去了姑苏拜访春秋末期吴国大夫伍子胥的神祠。司马迁到江阴去收集韩信的文献和故事，又到曲阜去调查学习了圣人孔子的生平事迹，他游览了汉高祖刘邦的老家沛县以及陈胜、吴广起义所在地大泽乡。可以看到，司马迁用了几年的时间，穿越了中国一多半疆土，考察了各地的人物遗址、历史典籍，极大地开阔了他的眼界和学识，获得了所需要的大量一手文献资料，这些都为他此后能够撰写《史记》奠定了扎实的基础。

司马谈教育司马迁的方法很务实，他首先是将自己所学的书本知识教给儿子，其后就是鼓励司马迁的史学事业心，并建议司马迁要"行万里路"，到各地去考察游览，即使在今天看来，这些教育方法都是非常先进和难得的。而正是司马谈对司马迁的这种教育理念，要求司马迁"读万卷书，行万里路"的文本学习和社会实践，最终帮助司马迁获得了大量书籍上没有的一手文献资料，助使司马迁在《史记》中创作的人物形象和历史故事生动形象，栩栩如生。那个年代的交通条件是十分艰难的，通过这种经历和磨炼，对司马迁此后人生中能够克服各种艰难挫折也是大有裨益的。

历史上想要成就一番事业而一帆风顺的人，是非常罕见的。我们可以这样猜想，假如当时司马谈因为害怕儿子在外受苦，就让司马迁只读书不远游，或者司马谈在他去世前没有对儿子叮咛嘱咐，那么，司马迁可能也不会在如此的奇耻大辱中坚强活着。而且，司马迁很可能也不会获得此后的人生成就，那么，《史记》或许就不能够完成，或者即使完成了，也未必是震古烁今的皇皇巨著。我们看到的结果是，司马迁最终不负父亲的期望，创作出了被称誉为"史家之绝唱，无韵之离骚"的《史记》，从而名垂青史。

我们从司马谈的《命子迁》中，真切感受到了司马谈是如何教育司马迁的。在历史上，《命子迁》也确实产生了很大的影响，被视为家训中的代表作。我们或许可以这样说，如果没有《命子迁》，可能就没有后来司马迁创作的千古绝唱《史记》！

第三讲
《诫子书》：非淡泊无以明志

中国古代传承至今的经典家书家训，通常都是作者人生经历、生活感悟和学术思想等各方面的经验总结，不只是作者的家族后代能够从家训中受益很多，即使是对现代的人来说，去阅读这一类家书家训，也会获益良多、大有裨益。诸葛亮被视为"智慧的化身"，他所写的《诫子书》可以说是一部流淌着其毕生智慧的家训，同时也是中国古代家训中的代表作之一。我们先来认识一下诸葛亮。

> 诸葛亮，字孔明，号卧龙，出生在今天的山东临沂市沂南县。诸葛亮是三国时期蜀国的大臣，是著名的政治家、军事家、文学家、书法家、发明家。
>
> 诸葛亮早年随叔父诸葛玄到荆州，诸葛玄去世后，他便在隆中隐居。刘备三顾茅庐才请出诸葛亮，并联

合东吴孙权，于公元208年在赤壁之战中大败曹军，最终形成了三国鼎足之势。公元211年，刘备攻取益州，继而击败曹军，夺得汉中。公元221年，刘备在成都建立蜀汉政权，诸葛亮被任命为丞相，主持朝政。刘备去世后，后主刘禅继位，诸葛亮被封为武乡侯，领益州牧。诸葛亮一生勤勉谨慎，大小政事必亲自处理，赏罚严明；与东吴联盟，改善和西南各族的关系；实行屯田政策，加强战备。前后六次北伐中原。最终，诸葛亮因积劳成疾，于公元234年病死在五丈原（今陕西宝鸡岐山），终年54岁，可谓是"出师未捷身先死"。汉怀帝刘禅追封诸葛亮为忠武侯，后人也以武侯作为对诸葛亮的尊称。东晋时期，朝廷又特地追封诸葛亮为武兴王。

在诸葛亮的文学作品中，比较著名的有《出师表》《诫子书》《自表后主》等。他还改造了连弩，叫作诸葛连弩，一次可以发射十箭。诸葛亮的一生就如同他在《后出师表》中所说"鞠躬尽力，死而后已"一样，他可谓是中华历史上忠臣与智者相结合的优秀代表。

那么，诸葛亮在《诫子书》这部家训中说了什么？从中可以看出他什么样的官品与官德呢？让我们走进这部家训。

夫君子之行，静以修身，俭以养德。非淡泊无以明志，非宁静无以致远。夫学须静也，才须学也，非学无以广才，非志无以成学。淫慢则不能励精，险躁则不能治性。年与时驰，意与日去，遂成枯落，多不接世，悲守穷庐，将复何及！

这段文字，只有短短的86个字，用现在的话来解释就是：君子的品行，是以内心的平静，来修正身上的问题；以俭朴节约，来培养高尚的德行。如果不能恬静寡欲、淡泊名利，就无法彰显自己的志向；如果不能摒除诱惑、心如止水，就无法实现远大的理想。学习必须专一而静心，才干正是来自于勤学苦练。如果不能努力学习，就很难增长自己的才干，如果没有远大的人生志向，就无法在学习上有所收获。如果为人骄奢淫逸、懒散怠慢，就不能够勉励图志、振作精神；如果为人好险草率、躁动不安，就不能够陶冶情操、心平气和。生命随着时光而不断流失，意志也随着时间而慢慢消磨。于是，人生最终会衰败散落，不能被时世所用，最后只能悲伤地陷于困境之中，到那个时候再后悔怎么来得及呢？

这就是诸葛亮写给他的儿子诸葛瞻的一封家书，体现了他的家训家风与家庭教育。诸葛亮写《诫子书》的目的就是劝诫他的儿子要养成勤学立志的好习惯，修身做人与明德养性要从淡泊宁静处努力，要注意警戒懒惰好险急躁的毛病。这篇家训高度总结了诸葛亮修身做人治学养德的人生经验，全文的主题围绕"静"展开，并且把人生失败的原因归为"躁"，从而形成了鲜明的对比。

养静气是修身养性的首要之举。诸葛亮一出空城计人尽皆知，也说明了他"静以修身"的说法并非虚言。《大学》有云："定而后能静，静而后能安，安而后能虑，虑而后能得。"只有先静下来，才能心安地思考解决问题的办法，最后找到解决问题的办法。只有临大事有静气的人，才能从容不迫，遇事不乱。晚清政治家、两任帝师的翁同龢有一副对联：每临大事有静气，不信今时无古贤。《世说新语》中有一则关于谢安的记载，说的是在淝水之战时，作为总指挥的谢安在后方和客人下围棋，等待前方军队作战的消息。一会儿他的侄子谢玄从淝水战场上派出的信使到了，他"看书竟，默然无言"，又慢慢下棋。客人问他战场上的胜败情况，谢安回答说："小儿辈大破贼。"说话时的神色、举动和平时没有两样。后来唐朝著名诗人李白对这件事夸赞道："但用东山谢安石，为君谈笑净胡沙。"古人说，"胸有惊雷而面如平湖者，可拜上将军"，谢安与诸葛亮可谓受之无愧。

诸葛亮在《诫子书》中告诫儿子，要从"淡泊"处下手，在"宁静"处着眼，激发儿子诸葛瞻勤奋好学励志的积极性。主要是以淡泊和宁静的方法，在个人修身养性上多做努力。一个人如果内心不安定、不清静，也就很难为实现远大目标和理想而长期坚持勤奋努力学习。所以，如果要想学到真知识、真本事，就必须要让自己的身心处于宁静中。但是，如果不能下苦功来刻苦学习，也就不能增加和发展自己的才干；如果没有坚定不屈的意志，也就不能成就自己的学业和事业。诸葛亮通过家训来教育儿子，修身做人一定要切忌浮躁冒险，骄奢淫逸。现在看起来，诸葛亮的话有些老生常谈，但实际上是一个父亲对儿子发自肺腑的教导，其中的每一个字都源于诸葛亮内心深处，显得格外宝贵，可以说是诸葛亮人生的经验和智慧的总结。

此外，《诫子书》也表明了一个人在学习的过程中，立志与学习二者之间的关系，它不但告诉我们内心要宁静淡泊，而且也指出了骄奢淫逸、好险急躁的后果。应当说,诸葛亮在大是大非上能够对其子要求严格,在许多细节上也能感受到他对子女无微不至的关心和体贴。

我们在《诫子书》中也能看到诸葛亮的各种智慧,如"静以修身""非宁静无以致远"是讲宁静的智慧;"俭以养德"是讲节俭的智慧;"非淡泊无以明志"是讲超脱的智慧;"夫学须静也,才须学也"是讲好学的智慧;"非学无以广才,非志无以成学"是讲励志的智慧;"淫慢则不能励精"是讲养神的智慧;"险躁则不能治性"是讲性格的智慧;"年与时驰,意与岁去"是讲惜时的智慧等。《诫子书》篇幅短小,言简意赅,深情意切,字字珠玑,让人信服。短短数十字,传递出的讯息,比起长篇大论,诫子效果要好得多。

那么,《诫子书》带给我们怎样的启示呢?

第一,修身养性贵在"静""俭"。《诫子书》中所提到的"非宁静无以致远""学须静也""静以修身",这些无不告诉后人,修养身心离不开心情的宁静平和。"俭以养德"这句话就是在告诫我们在生活中务必要节俭朴素,并以此培养自己的美好德行。

宋太祖赵匡胤生于一个没落世家,早年历尽生活的坎坷,十分了解社会最底层人民的疾苦,他决心以自己的努力来改变这个社会。后来他壮志得酬,终于"黄袍加身",成了宋朝的开国皇帝。但他富贵后不忘本色,照样简朴律己,日常生活很朴素,衣服、饮食都很简单,只有登殿上朝时的服装是用绫锦做的,其他大多是绢布,有的和一般小官吏的布质是一样的,而且总是洗了再穿,穿了再洗,很少换新的。这在历代帝王中是十分难得的。

春秋时期鲁国的贵族、著名的外交家季文子出身于三世为相的家庭，为官30多年，他一生俭朴，以节俭为立身的根本，并且要求家人也过俭朴的生活。他穿衣只求朴素整洁，除了朝服以外没有几件像样的衣服，每次外出，所乘坐的车马也极其简单。见他如此节俭，有个叫仲孙它的人就劝季文子说："您身为上卿，德高望重，但听说您在家里不准妻妾穿丝绸衣服，也不用粮食喂马。您自己也不注重容貌服饰，这样不是显得太寒酸，让别国的人笑话您吗？这样做也有损我们国家的体面，人家会说鲁国的上卿过的是一种什么样的日子啊。您为什么不改变一下这种生活方式呢？这于己于国都有好处，何乐而不为呢。"季文子听后淡然一笑，对仲孙它严肃地说："我也期望把家里布置得豪华典雅，但是看看我们国家的百姓，还有许多人吃着粗糙得难以下咽的食物，穿着破旧不堪的衣服，还有人正在受冻挨饿；想到这些，我怎能忍心去为自己添置家产呢？如果平民百姓都粗茶敝衣，而我则妆扮妻妾，精养粮马，这哪里还有为官的良心！况且，我听说一个国家的国强与光荣，只能透过臣民的高洁品行表现出来，并不是以他们拥有美艳的妻妾和良骥骏马来评定的。"这一番话，说得仲孙它满脸羞愧之色，同时也使他内心对季文子更加敬重。此后，他也效仿季文子，十分注重生活的简朴，妻妾只穿用普通布做成的衣服，家里的马匹也只是用谷糠、杂草来喂养。

第二，只有内心保持淡泊宁静，才能做到志存高远。内心保持宁静才能力戒骄躁，内心保持淡泊才能吸取精华，内心保持开阔才能心怀高远。所以说，无论是在工作还是生活中，只有静下心来才能更好地谋划未来、计划将来。

我国著名的桥梁专家茅以升就是一个很好的例子。小时候的一次触动使茅以升萌发了做一个桥梁专家的念头，为的是为家乡的建设作出自己的贡献，为此他每天刻苦钻研，艰苦奋斗。夜以继日地学习，当别人在嬉戏玩耍时，他自己却一人在角落思考着种种问题。最终实现了自己的理想，尽管有许多的辛酸和挫折，但是他没有放弃，因为有这样一股强大的力量支撑着他。这就是他的志向他的目标——成为一个桥梁建筑专家，为家乡的建设贡献出自己的一份力量。

第三，要勤于学习，善于思考。《诫子书》中的"夫学须静也""才须学也"，也是在告诉我们学习既要有宁静的学习环境，更要有专注、平和的学习心境。"非学无以广才""非志无以成学"，则进一步阐述了学习的力量。应当说，成学要先立志，一个人如果不勤奋学习，就无法增长才干；但是在具体的学习过程中，如果没有决心、毅力也会导致事业和人生半途而废。

战国时期的苏秦学合纵与连横的策略，劝说秦王，写了十多个建议书都没有派上用场，最后他所有的钱都用完了，垂头丧气地回到家里，搞得"妻不下纴，嫂不为炊，父母不与言"。苏秦感叹说："妻不以我为夫，嫂不以我为叔，父母不以我为子，是皆秦之罪也！"乃闭室不出，出其书遍观之。苏秦苦读太公《阴符》之时，每逢困乏欲睡，便用锥自刺其股，这是成语"悬梁刺股"中"刺股"的由来。苏秦最为辉煌的时候是劝说六国国君联合，后来联合了齐、楚、燕、赵、魏和韩国反抗秦国，然后拿了六国的相印，成为六国之相。

第四，提升自己性格的品质既要励精，又要治性。要提升自己性格的品质就要做到戒除"淫慢和险躁",要有与时俱进的时代观念,也要克服急躁冒进、急于求成的毛病,做到和谐适度、平衡发展。

明末清初的爱国主义思想家、著名学者顾炎武自幼勤学。他6岁启蒙,10岁开始读史书、文学名著。11岁那年,他的祖父蠡源公要求他读《资治通鉴》,并告诫说:"现在有的人图省事,只浏览一下《纲目》之类的书便以为万事皆了了,我认为这是不足取的。"这番话使顾炎武领悟到,读书做学问是件老老实实的事,必须认真忠实地对待它。顾炎武勤奋治学,他采取了"自督读书"的措施。首先,他给自己规定每天必须读完的卷数。其次,他限定自己每天读完后把所读的书抄写一遍。他读完《资治通鉴》后,一部书就变成了两部书。再次,要求自己每读一本书都要做笔记,写下心得体会。他的一部分读书笔记,后来汇成了著名的《日知录》一书。最后,他在每年春秋两季,都要温习前半年读过的书籍,边默诵,边请人朗读,发现差异,立刻查对。他规定每天这样温课200页,温习不完,决不休息。

第五,做事要有时间观念。《诫子书》中"年与时驰""意与岁去"这两句话就是在告诉我们,时光飞逝如白驹过隙,如果少壮不努力,则会老大徒伤悲,而且通常人的意志力会随着时间逐渐消磨。所以,要珍惜时间,管理好自己每天的24小时,善用每一分每一秒。否则就会"遂成枯落""多不接世",到老了后悔也来不及了。

鲁迅的成功,有一个重要的秘诀,就是珍惜时间。鲁迅12岁在绍兴城读私塾的时候,父亲正患着重病,两个弟弟年纪尚幼,鲁迅不仅经常上当铺,跑药店,还得帮助母亲做家务;

为免影响学业，他必须做好精确的时间安排。此后，鲁迅几乎每天都在挤时间。他说过：时间，就像海绵里的水，只要你挤，总是有的。鲁迅读书的兴趣十分广泛，又喜欢写作，他对于民间艺术，特别是传说、绘画，也深切爱好。正因为他广泛涉猎，多方面学习，所以时间对他来说，实在非常重要。他一生多病，工作条件和生活环境都不好，但他每天都要工作到深夜才肯罢休。在鲁迅的眼中，时间就如同生命。应该说时间就是性命。倘若无端地空耗别人的时间，其实是无异于谋财害命的。

第六，做人应当树立远大的志向。具有远大的志向是一个人走向成功的先决条件。作为年轻人，一定要保持远大的目标和崇高的理想，而且要有坚定的决心和毅力为实现理想目标而去奋斗。否则，再大的理想和目标都是一种不切实际的空想和幻想。我们从诸葛亮的《诫子书》中能够清晰地感受到，要想成为一个志存高远、意志坚定的人，还要做到思考缜密，再去行动，就更有可能取得成功。相反，如果不能做到，就很可能会失败。

"为中华之崛起而读书"这一激励中华儿女的励志名言，是1911年14岁的周恩来在回答老师提问时说出来的。1898年3月5日，周恩来出生在江苏淮安。1910年来到东北，先在铁岭上小学，后又转到沈阳东关模范小学。1911年的一天，正在上课的魏校长问同学们：你们为什么要读书？同学们纷纷回答：为父母报仇，为做大学问家，为知书明礼，为让妈妈妹妹过上好日子，为光宗耀祖，为挣钱发财……等到周恩来发言时，他说："为中华之崛起！"魏校长听到一惊，又问一次，周恩来又加重语气说："为中华之崛起而读书！"周恩来从小学时立志"为中华之崛起而读书"，到南开学校毕业时与同学们互赠"愿相会于中华腾飞世界时"的留言，到日本留学又回国参加五四运动，再到欧洲勤工俭学又回国投身革命……就一直为中华之崛起而奋斗。少年定下初心，之后为之奋斗终身，周恩来这种坚定的理想信念和执着的人生追求永远是我们共产党人学习的典范。

从《诫子书》这部家训中，可以很清楚地看到诸葛亮确实做到了淡泊宁静、修身养性、学识渊博，他不愧是一位拥有高尚品格的好父亲，从中能看到父亲对子女的深切情感和深厚父爱。毫无疑问，《诫子书》是教育子女修身做人、立志养德的家训名篇。

第四讲

《颜氏家训》：古今家训，以此为祖

很多人都知道，南北朝时期北齐的文学家颜之推，有一部代表作——《颜氏家训》。颜之推将自己的生活经验、人生阅历和处世智慧凝聚汇集在《颜氏家训》中，用来劝勉和告诫子孙后代。这部家训一般被认为是第一部内容完整丰富、结构体系广大的家训，并且是一部特别的学术著作。《颜氏家训》内容广博，书中非常重视建立以儒学为核心的教育教学方法和体系，重点说明了修身齐家的具体路径，特别注重对儿童的家庭教育和早期教育，还对很多方面发表了个人的独家见解，例如儒学、佛学、历史、文学、民俗、社会、伦理等领域。全书语言平实、文风流畅，体现出该书质朴无华的整体风格，这部家训对颜之推的子孙及后人后世产生了很深刻的作用。换句话说，古今家训，以此为祖。让我们先来认识一下颜之推。

> 颜之推，字介，祖籍琅琊临沂（今山东临沂），公元531年生于江陵（今湖北江陵），是中国古代著名的文学家、教育家。
>
> 颜之推年少时因不喜虚谈，转而研习《仪礼》《左传》，由于博览群书而且为文辞情并茂，得到了南朝梁湘东王萧绎的赏识；侯景之乱后奉命校书；在西魏攻陷江陵时被俘，遣送西魏；后投奔到北齐，官至黄门侍郎；北齐灭国后，被北周征为御史上士；北周被隋取代后，又在隋朝做官，于开皇年间被征召为学士，于开皇十七年（597年）因病去世。

在学术方面，颜之推博学多识，一生著述甚丰，所著书大多已亡佚，今还存《颜氏家训》和《还冤志》两书，《急就章注》《证俗音字》和《集灵记》有辑本。

颜之推生活在一个动乱的年代，他一生中共经历了南梁、北齐、北周和隋这四个朝代，并且他在四朝都做过官员。颜之推任官时间最长最显赫的是在北齐，达20年之久。因此，我们在《颜氏家训》中，也能看到颜之推署名"北齐黄门侍郎颜之推撰"的字样。

颜之推的本意是想通过这部家训，给他的子孙提出一些宝贵的劝诫。颜之推自己也提到过，颜氏家族向来"风教整密"，在他9岁时家庭突然遭遇变故，他的父亲过世了。所以，颜之推认为自己因此没有受过严格良好的管理教育，这也导致了他在成长之后身上形成了一些恶习，他用了很长的时间和磨砺才逐渐改正了自身的这些问题。所以，颜之推也说自己是"每常心共口敌，性与情竞，夜觉晓非，今悔昨失，自怜无教，以至于斯"。这句话的意思就是，他常常在自己的内心与言语之间产生矛盾，理性与感情之间产生竞争，到了晚上就发现白天所做的错误，今日就会后悔昨日所犯下的过失，自己反省后认为，这是自己在年幼时没有得到严格正规的家庭教育，才发展到这种程度的。因此，颜之推害怕子孙后代又犯下他同样的错误和过失，所以他说："故留此二十篇，以为汝曹后车耳。"意思是，写这部家训的目的，在于前车之鉴，避免再走自己过去失败的老路，从中可以看到颜之推对人生经历的深刻反省和对子孙后代的殷切期盼。

颜之推的《颜氏家训》，体现了一位父亲或者说是一个家长对子孙后代的高度责任感，因为其中的很多内容都是经过长期思考后得出的经验总结，凝结了中华优秀传统文化的智慧和精髓。另外，颜之推的子孙在他的教育之下，也获得了良好的成长，他的儿子颜思鲁、颜愍楚、颜游秦三人，以及孙子颜师古、颜相时、颜勤礼、颜育德四人，后来也都是著名的人物。我们比较熟悉的颜师古就是唐代著名的文学家、训诂学家、音韵学家之一，而颜师古就是颜之推的嫡长孙。再往后的颜昭甫是颜之推的四世孙，颜元孙、颜惟贞是颜之推的五世孙，这些都是历史上的名人。到了第六代，颜之推的子孙中比较杰出的也很多，最著名的有颜真卿、颜杲卿、颜春卿，被誉为"颜氏三卿"。颜真卿是唐朝名臣、著名的书法家，他被封为"鲁郡开国公"，世称颜鲁公，谥号"文忠"；颜杲卿也是唐朝名臣，被封为常山公，谥号"忠节"，二人合称"双忠"。

那么，颜之推究竟在《颜氏家训》中强调了什么？从中我们可以受到怎样的启示呢？《颜氏家训》共有七卷，二十篇，体例宏大，内蕴丰富，不能逐一赘述，这里只节选第一篇"序致"进行详细解释。

夫圣贤之书，教人诚孝，慎言检迹，立身扬名，亦已备矣。魏晋已来，所著诸子，理重事复，递相模效，犹屋下架屋、床上施床耳。吾今所以复为此者，非敢轨物范世也，业已整齐门内，提撕子孙。夫同言而信，信其所亲；同命而行，行其所服。禁童子之暴谑，则师友之诫，不如傅婢之指挥；止凡人之斗阋，则尧舜之道，不如寡妻之诲谕。吾望此书为汝曹之所信，犹贤于傅婢寡妻耳。

吾家风教，素为整密。昔在龀龆，便蒙诱诲；每从两兄，晓夕温清，规行矩步，安辞定色，锵锵翼翼，若朝严君焉。赐以优言，问所好尚，励短引长，莫不恳笃。年始九岁，便丁荼蓼，家涂离散，百口索然。慈兄鞠养，苦辛备至；有仁无威，导示不切。虽读《礼传》，微爱属文，颇为凡人之所陶染。肆欲轻言，不修边幅。年十八九，少知砥砺，习若自然，卒难洗荡，二十已后，大过稀焉；每常心共口敌，性与情竞，夜觉晓非，今悔昨失，自怜无教，以至于斯。追思平昔之指，铭肌镂骨，非徒古书之诫，经目过耳也。故留此二十篇，以为汝曹后车耳。

这段文字用现在的话来解释就是：古代圣贤留下的经典书籍，最重要的就是要教导人们要学会诚信孝悌，言语谨慎，检点身形，建立修身立德的事业来使声名发扬光大，这些内容都已经非常详细备至了。魏、晋以来，我们所读到的这些诸子著作，其中相同或者类似的道理很多、内容重复相近，互相模仿学习，这就像是在屋子下面又建屋子，在床上面又放床一样。我今天为什么又要重复同样的道理，不是胆敢要在为人处世方面给后人做出规范或者准则，而是要以此来修整家风家教，提醒和教育子孙后代。类似的言语，人们会更相信自己亲近的人所说的；而同样的命令，人们会执行自己所敬佩的人所发的。要禁止儿童孩子的嬉笑打闹，师友的劝诫就比不上侍婢的指挥；要阻止普通人的打架争吵，尧舜的教诲就比不上妻子的劝导。所以，我希望所写的这本书能被你们所接受，希望能比侍婢、妻子的话要好一点。

我们家族的家风门风，一直都是严整周密。在我还是小孩的时候，就受到了家风的教诲。我当时每天跟着两位哥哥，早晚都要向父母问安，孝顺侍奉双亲，冬天暖被、夏天扇凉，行为规矩、步态端庄，言辞安详、神色安定，恭敬有礼而且谨慎小心，好像是要去朝见尊严的君主一般。父母还总是勉励我们，问我们几个兄弟的爱好和追求，打磨掉我们的缺点毛病，引导和发展我们的长处，这些都十分的恳切和真诚。在我9岁的时候，父亲突然去世了，家庭从此陷入了困境，家道开始衰落离散，人口萧条。我慈爱的哥哥辛苦抚养我，极其艰难，但是他虽有仁爱却缺少威严，所以他对我的引导和启示不是那么的严格。我在当时，虽然也读了《礼传》，也对写文章比较喜好，但受到了社会世俗的影响，导致我放纵欲望，言语轻率过分，而且不注意外表和行为。到了我十八九岁的时候，才知道要磨砺成长，但是到了这个年纪也已经养成坏习惯了，在短时间内很难改正。后来，一直到 20 多岁，我身上比较大的问题和过错才逐渐减少。但是，每每常在内心与言语之间产生矛盾，理性与感情之间产生冲突，到了晚上就感觉到白天所做的错误，今日后悔昨日所犯下的过错，我常常叹息在年幼时没有得到严格的管教，才会发展到大问题的这种程度。我也追忆起一生的志向和经历，刻骨铭心，不像是一些古书上所讲的劝诫文章，只是眼睛看一下、耳朵听一下就过去了。所以，我特意留下了这二十篇家训文章，希望你们以此为鉴。

在"教子"篇中，颜之推认为：父母威严而有慈，子女畏惧而生孝，父母既威严又慈爱，子女就会敬畏谨慎，从而产生孝心。我见到世上有些父母，对子女缺少严格的管教，相反，还对孩子过于放纵，甚至认为没有什么关系。孩子喜欢什么，就随便孩子去做，也不给予任何的限制，在孩子做错的时候，不对其进行训斥，相反还赞扬孩子。如此这般，在孩子还小的时候，做错了事不去批评教育，反而夸奖称赞，等孩子长大了，就会理所当然地认为自己这么做是正确的，混淆了是非黑白，致使孩子养成了骄奢淫逸的恶习，到时候如果闯了大祸才想到去批评阻止，也为时已晚了，父母在孩子眼里也没有任何威信了。

而且，为人父母，经常发脾气、愤怒也只会导致孩子的愤怒、怨恨的增加，在这样的情况下，子女长大后，也很可能会发展成思想道德缺失的人。

所以说，父母过于宠溺孩子会使孩子缺少良好的家庭教育，使其受伤受害，成为道德败坏之人；而太过严苛的教育方式则会让其产生逆反和叛逆心理。可见，最合理的教育方式应是威严而又慈爱，恩威并施。

在"兄弟"篇中，颜之推认为：兄弟的关系，应该像是身体分开，但是气质相连。在兄弟都还小时，都受到了父母的照顾和牵携。兄弟在一起吃饭，身上的衣服也是互相穿，读一本书，到同一个地方玩耍，就算是胡闹不懂事的兄弟，也是会相亲相爱的。兄弟都到了青壮年后，就会结婚生子，各有各的妻和子，从前即使是关系亲密，结婚后兄弟感情上也会有所衰减。

兄弟之间要互相友爱，弟弟要像侍奉父亲那样对待兄长，兄长要像父亲疼爱儿子一样爱护弟弟，这样兄弟之间就不会有隔阂了。

能成为一生的兄弟，相扶相携走过一生，是人生的福气。所以，我们应该学会珍惜身边的这份"手足情"，无论何时，都不要将这份亲情割舍掉。

在"治家"篇中，颜之推认为：父母是一面镜子，孩子们常常是通过"照镜子"的方式，在不知不觉中培养自己的言行举止。所以，父母要时刻注意自己的一言一行，给孩子做好表率，这样他们才不会沾染到自己身上的缺点。

治家不宜过宽，也不宜过猛，过宽则容易使子女放松对自己的要求，甚至犯下不必要的过错；过猛则使父母子女间关系紧张。因此，在宽容呵护的同时也要严加要求。

治家之宽猛，就像治理国家一样。如果在一个家庭内部，取消了像是鞭笞一类的体罚行为，那么，子女的毛病问题可能立即就会重出；而如果一个国家的刑罚用得不合适、不准确，那么，国民就会出现没有准则、不知如何是好的情况。因此，治理一个家庭的仁慈与严厉，应当像治理一个国家一样，要做到恰当、合度，不能太过，也不能不及。

对于子女的教育以及感化子女的问题，在顺序上应该从上向下、从先向后去推行和实施。换句话说，如果做父亲的不仁慈，那么做儿子的就不会孝顺；如果做兄长的不友爱，那么做弟弟的就不会恭敬；如果做丈夫的不仁义，那么做妻子的就不会温柔。但是，对于那些父亲仁慈但是子女叛逆的，兄长友爱但是弟弟傲慢的，丈夫仁义但是妻子跋扈的，这些人属于生来就是凶恶的人。对于这些人，就必须要用刑罚或杀戮的方法和手段让他们感到恐惧和害怕，而不能再慢慢地去训诫教导了。

在"后娶"篇中，颜之推认为：结婚的对象要从清白的家庭中挑选，这是颜家的祖先靖侯过去制定的规矩和原则。但是现在，有些家庭的婚姻却相反，接受彩礼才嫁女儿，就像是卖女儿。娶媳妇要送丝帛，就像是在买儿媳妇。这些家庭完全是把婚嫁变成了生意，婚嫁中计算的是钱财的多少，这就是在做买卖啊！这样也导致一些家庭找了个无德卑鄙的女婿，一些家庭入了个凶狠霸道的媳妇。这些问题实际上都是因为人们追求荣利所导致的啊，最后却产生了更大的耻辱，这样的事能不审慎吗！

按照一般人的秉性，后夫通常会爱护前夫所生的子女，而后妻经常会虐待前妻所生的孩子。这个问题其实并不仅仅是因为妇女生来就爱妒忌，男人容易受到诱惑。事实上，这也是受每个人周边的环境和事物的综合影响而来的。前夫的孩子，一般不会敢于与后夫的子女争夺家产，于是，前夫的孩子被后夫抚养成人，自然而然就会产生关爱之情，所以会宠爱；而前妻的孩子，岁数和地位通常在后妻的孩子之上，不管是学习、事业还是婚娶,后妻都要加以提防,所以,经常会有后母虐待前妻孩子的情况发生。而且,父母如果过于宠爱异姓的孩子,这样也会导致亲生子女的怨恨,而后母虐待前妻的子女,也会导致兄弟的关系破裂。所以,类似这样的家庭问题,都会成为一个家庭的灾祸啊。

以上简单介绍了《颜氏家训》几个方面的内容,那么,《颜氏家训》带给我们怎样的启示呢?

《颜氏家训》对于中华优秀传统文化的传承和发展有重要的作用,对于当代中国社会的家庭教育也有着重要启示。

第一,要重视对子女的早期教育。每个人的家庭都是一生中最重要的学校。我们在《颜氏家训》中能看到,古人十分看重家庭内部对孩子的教育,尤其是早期的教育。在《颜氏家训》中就有:"古者圣王,有'胎教'之法,怀子三月,出居别宫,目不邪视,耳不妄听,音声滋味,以礼节之。"这句话的意思是说,古代的圣王,在当时就有了胎教的方法。怀胎三月,就要开始注意在外面不要看邪恶不良的东西,不要听妄言恶语,声音饮食都要以礼的标准来节制。

还有一点,身为父母,一言一行都会对子女产生重要的影响,因此父母不可不谨慎。"夫同言而信,信其所亲;同命而行,行其所服"说的就是父母的影响力,做父母的不能只是让孩子去背诵古圣先贤的经典,就算是背下来也不一定能做到。因为相隔的时间太久了,孩子就算是认同,也缺少足够的感情。最好还是要父母以身作则,言传身教,带头践行,这样才能得到更好的效果。

在《颜氏家训》中也谈到父母对子女要公平,偏心偏爱会产生家庭矛盾。这个问题，我们在现代教育中，也能经常看到，特别是在放开二孩政策之后，越来越多的家庭正在遇到这个问题。因此，父母就更需要从中华优秀传统文化中汲取经验和智慧，学会用不同的眼光欣赏孩子的优缺点。《颜氏家训》就为我们树立了一个学习的好榜样。

第二，要重视对子女的道德教育。在孩子的成长过程中，家庭、学校以及社会是主要的三个教育领域。但是，在现代生活中，很多父母往往只注意养大子女，却不注意教育子女，这就会导致子女在思想道德上出现很多问题。如果在物质方面过于充足，忘记了道德的重要性，那么孩子就会流于物质享受，没有远大的志向和理想。给孩子建立正确的道德观，这需要父母的努力。

在现实中，我们经常会看到，父母对于强调知识技能的学习，忽视了孩子道德品质的培养。我们回忆一下，孩子从幼儿园到大学，上了各种课外班、兴趣班，目的就是要让孩子学习各种知识和技能，这就是一种功利思想在作祟。我们在蔡元培的《中国人的修养》一书中读到，决定孩子未来一生的不是分数，而是人格修养。一个人如果没有道德教育作为基础，那么知识技能学得越多，他所产生的危害就越大，就像康熙说的那样，"心术不善，纵有才学，何用"。如果没有品行修养作为根基，那么，即使你考试成绩再好，甚至是全市全省乃至全国学霸，也会成为北大弑母案、复旦投毒案那样的毫无道德、法律底线的杀人犯，这样的例子还少吗？所以在教育孩子的过程中，应当把道德教育放在第一位，放在父母和孩子的心中。所以，颜之推在家训中告诉我们，人生中道德教育是家庭教育的重中之重，要让孩子树立正确的价值观，去做对生命和世界有意义的、积极的事情，要修身做人，俯仰无愧，扬名于后世，成为一个有正能量的人。

第三，要重视对子女的节欲教育。我们在《颜氏家训》中可以看到，"宇宙可臻其极，情性不知其穷""唯在少欲知足，为立涯限尔"。意思是说宇宙是有界限的，但是性情的欲望是无边无际的。所以要减少欲望，知足常乐，作为限制这种欲望的界限。这两句话就是在告诉我们，对于子女后代，要注意对他们进行良好的情绪教育，保持积极乐观的心态，减少欲望和恶念的产生。

如今的世界，物质过于丰富，孩子很容易受到诱惑，难以自拔。很多父母对于孩子也是尽情地满足欲望，这样会导致孩子的不知足和贪欲不断增长。我们知道，《颜氏家训》中就有要明理节欲和知足少欲的思想，"欲不可纵，志不可满"。欲望不能放纵，否则就像洪水猛兽，会夺取生命；态度不能太骄傲自满，要学会谦虚恭敬。

欲不可纵，讲的就是不可放纵欲望，对子女要进行节欲的教育。人生一世，会遇到各种各样的欲望。有些欲望是正常的、基本的生活需要，有些欲望则是过分的、放纵的邪恶欲望。因此，对于过分的欲望要学会克制和革除。而对于做正确的事情、做善事好事以及实现志向的欲望就要鼓励和坚持。

志不可满，讲的就是一个人的心态，教育子女不能自高自大、骄傲自满。一个人要学会谦虚谨慎、戒骄戒躁、低调温和，这样才会得到外界的支持和肯定，也更容易获得成功。对子女的教育，就是让他们保持谦虚恭敬的态度，让他们握住不断进步的钥匙。否则，一旦开始骄傲自满了，各种问题就会随之出现。

　　从上面的内容，我们可以感受到，《颜氏家训》作为一部家书家训在历史上产生了重要的影响。例如，《颜氏家训》是宋代朱熹的《小学》、清代陈宏谋的《养正遗规》的借鉴材料。唐代以后的很多家训，都或多或少地受到《颜氏家训》的熏陶。正如明代的学者王三聘所讲的，"古今家训，以此为祖"。《颜氏家训》历经了1000余年仍然广泛流传，足以说明它的影响力之大。

　　《颜氏家训》是中华优秀传统文化中家庭教育的模范经典，甚至开启了后来的家书家训文化，确实是家庭教育方面的宝贵资源。颜之推通过撰写《颜氏家训》而名垂千史，也足以说明这部家训的重要价值。南宋的藏书家、目录学家陈振孙也赞扬《颜氏家训》是"古今家训之祖"。所以，历朝的官员和学者都对该书极其推重和敬佩，而我们现代人更应该从《颜氏家训》中汲取修身齐家、教育子孙后代的经验和智慧。

第五讲
《朱柏庐治家格言》：治家之经

《朱柏庐治家格言》又名《朱子家训》，是一部以家庭道德教育为主的启蒙教材。它精辟地阐明了一个家庭中的修身治家之道，被后世誉为"治家之经"。我们先来认识一下《朱柏庐治家格言》的作者朱柏庐。

> 朱柏庐（1627—1698年），原名朱用纯，字致一，自号柏庐，今江苏昆山人，明末清初著名的理学家、教育家。朱柏庐少年时就喜爱读书，从未中断，他曾考取秀才，醉心于仕途。1644年明朝灭亡后，他便无心再求取功名，于是隐居家乡，以教授学生为业。他曾用精楷手写了数十本教材用于教学。他潜心治学，学问以程、朱理学为宗旨，提倡知行并进，躬行实践。他能做到严以律己、宠辱不惊，对当时那些愿意和他

交往的官吏、豪绅等，不卑不亢，以礼自持。他有一个同乡，就是著名的大学问家顾炎武。顾炎武曾坚辞不应康熙朝的博学鸿儒科，后又多次拒绝地方官举荐的乡饮大宾。朱柏庐与徐枋、杨无咎号称"吴中三高士"。他所著的《朱柏庐治家格言》是其代表作，全文634个字，内容简明赅备，文字通俗易懂，朗朗上口，问世以来，不胫而走，成为有清一代家喻户晓、脍炙人口的教子治家的经典家训。

让我们打开这部《朱柏庐治家格言》，一探究竟。

黎明即起，洒扫庭除，要内外整洁。既昏便息，关锁门户，必亲自检点。一粥一饭，当思来处不易；半丝半缕，恒念物力维艰。宜未雨而绸缪，毋临渴而掘井。自奉必须俭约，宴客切勿流连。器具质而洁，瓦缶胜金玉；饮食约而精，园蔬逾珍馐。勿营华屋，勿谋良田，三姑六婆，实淫盗之媒；婢美妾娇，非闺房之福。奴仆勿用俊美，妻妾切忌艳妆。

祖宗虽远，祭祀不可不诚；子孙虽愚，经书不可不读。居身务期质朴，教子要有义方。勿贪意外之财，勿饮过量之酒。

与肩挑贸易，毋占便宜；见贫苦亲邻，须加温恤。刻薄成家，理无久享；伦常乖舛，立见消亡。兄弟叔侄，需分多润寡；长幼内外，宜法肃辞严。

听妇言，乖骨肉，岂是丈夫？重资财，薄父母，不成人子。嫁女择佳婿，毋索重聘；娶媳求淑女，勿计厚奁。见富贵而生谄容者，最可耻；遇贫穷而作骄态者，贱莫甚。

居家戒争讼，讼则终凶；处世戒多言，言多必失。勿恃势力而凌逼孤寡，毋贪口腹而恣杀生禽。乖僻自是，悔误必多；颓惰自甘，家道难成。

狎昵恶少，久必受其累；屈志老成，急则可相依。轻听发言，安知非人之谮诉，当忍耐三思；因事相争，焉知非我之不是，须平心暗想。

施惠勿念，受恩莫忘。凡事当留余地，得意不宜再往。人有喜庆，不可生妒忌心；人有祸患，不可生喜幸心。善欲人见，不是真善；恶恐人知，便是大恶。见色而起淫心，报在妻女；匿怨而用暗箭，祸延子孙。

家门和顺，虽饔飧不济，亦有余欢；国课早完，即囊橐无余，自得至乐。读书志在圣贤，非徒科第；为官心存君国，岂计身家。守分安命，顺时听天；为人若此，庶乎近焉。

用现在的话来解释，大致意思就是：每天早晨黎明就要起床，先用水来洒湿庭堂内外的地面，然后扫地，使庭堂内外干净整洁；黄昏来临，就要休息，并亲自检查一下要关锁的门户。对于一顿粥或一顿饭，我们应当想着来之不易；对于衣服的半根丝或半条线，我们也要常念着这些物资的产生是很艰难的。没有下雨时，就要把门窗系牢固；不要等到口渴时，才想到去打井。自己的日常用品必须节约，宴请宾客时间不可拖得太晚。器具只要结实而清洁，瓦质的也胜过金玉制品；吃的喝的要少而精，园中的蔬菜能胜过山珍海味。不要营造华丽的屋子，也不要谋求太好的田地。尼姑、牙婆等三姑六婆，是奸淫偷盗的媒介，漂亮娇巧的婢妾，不给家中带来幸福。家僮、奴仆，不可雇用英俊美貌的，妻、妾千万不可有艳丽的妆饰。

祖宗虽然离我们已经很久远了，祭祀时却仍然要虔诚专心；子孙即使不谙世事，教育也是不容怠慢敷衍的。自己生活节俭，以做人的正道来教育子孙。不要贪婪原本就不属于你的财富，也不要喝过量的酒。

和做小生意的小商小贩们交易，不要占他们的便宜，看到穷苦的亲戚或邻居，要关心他们，并且要给予他们财物或其他力所能及的帮助。对人刻薄而发家的，绝对是不可能长久的。为人处世违背伦常的人，也不可能立足于社会。兄弟叔侄之间要互相帮助，富有的要资助贫穷的；一个家庭要有严正的规矩，长辈对晚辈，说话时言辞应庄重。

听信妇人挑拨离间，而伤了骨肉之情，哪里配做一个大丈夫？看重钱财，而慢待父母，就没有资格为人子女。嫁女儿，要为她选择贤良的夫婿，不要索取贵重的聘礼；娶媳妇，要娶那些贤淑端庄的女子，不要贪图丰厚的嫁妆。看到富贵的人，便做出巴结讨好的样子，是最可耻的；遇着贫穷的人，便做出骄横无礼的态度，是最鄙贱的。

居家过日子，难免磕磕碰碰，尽量避免争斗诉讼，一旦争斗诉讼，无论胜败输赢，结果都是不好的。处世不可多说话，言多必失。不可用势力来欺凌压迫孤儿寡女，不要贪图口腹之欲，而任意宰杀牛羊鸡鸭等动物。性格古怪，刚愎自用、自以为是的人，常常会因为做错事而感到懊悔不已；颓废懒惰，沉溺不悟，是难以成家立业的。

亲近不良的少年，日子久了，必然会受到牵累；恭敬自谦，虚心地与那些阅历多而善于处事的人交往，一旦遇到急难的时候，就可以受到他的指导或帮助。对那些善于说长道短、嚼舌之人，不可轻信他们的话，要多加思考提防。如果事情起争执，要冷静地反躬自省，或许是因为自己的过错造成的。

对人施了恩惠，不要老记在心里；受了他人的恩惠，一定要常记在心。无论做什么事，要留有余地，要学会知足，知足才会常乐。他人有了喜庆的事情，不可有妒忌之心；他人有了祸患，不可有幸灾乐祸之心。做了好事，而想让他人看见或知道，就不是真正的善人；做了坏事，而怕他人知道，就是真正的恶人。看到美貌的女性而起邪心的，将来会在自己的妻子儿女身上得到报应；怀怨恨之心而暗中伤害他人的，将来会在自己的子孙那里留下祸根。

家里和气平安，虽缺衣少食，也会觉得快乐；尽快缴完赋税，即使口袋所剩无几，也会自得其乐。读圣贤书，目的在学圣贤的行为，不只是为了科举及第；做一个官吏，要有忠君爱国的思想，怎么可以只考虑自己和家人的享受？我们守住本分，努力工作生活，上天自有安排。如果能够这样做人，那就差不多和圣贤做人的道理相同了。

《朱柏庐治家格言》内容繁细，都是家长里短，却娓娓道来，不厌其烦。我们举个邻里和睦的小故事来说明，就是大家都熟悉的《六尺巷传说》。

据《桐城县志》记载，清康熙时期文华殿大学士兼礼部尚书张英的老家亲人与邻居吴家在宅基地问题上发生了争执，家人飞书京城，让张英打招呼"摆平"吴家。而张英回馈给老家亲人的是一首诗："一纸书来只为墙，让他三尺又何妨。长城万里今犹在，不见当年秦始皇。"家人见书后，主动在争执线上退让了三尺，下垒建墙，而邻居吴氏也深受感动，退地三尺，建宅置院，六尺之巷因此而成。在安徽安庆，流传着这样的说法："父子宰相府""五里三进士""隔河两状元"，指的就是张英家。

张英，字敦复，号乐圃，是康熙六年（1667年）进士，曾官至礼部尚书。康熙十六年（1677年），入直南书房，史载："每从帝行，一时制诰，多出其手。"他曾充任《国史》《一统志》《渊鉴类函》《政治典训》《平定朔漠方略》总裁官。康熙四十年（1701年），他以体弱多病为由请求回乡养老，康熙帝答应了他的请求。张英曾在书房自书一副对联："读不尽架上古书，却要时时努力；做不尽世间好事，必须刻刻存心。"

"让他三尺又何妨"的典故出自明朝时期的一首诗《诫子弟》，作者是林翰，全诗是："何事纷争一角墙，让他几尺又何妨。长城万里今犹在，不见当年秦始皇！"后被写成民间传说故事《六尺巷传说》，这个故事流传甚广，虽然在不同地区主角不同，都说明了邻里之间如何相处的问题。有了争执，友好协商、互相谦让，这才是睦邻友好、和谐相处的典范。

《朱柏庐治家格言》的宗旨就是儒家思想的宗旨，这个宗旨就是修身齐家，主要告诫家人要勤俭持家，尊敬师长，和睦邻里，做好人，行好事。许多内容继承了中国传统文化的优秀特点，在今天仍然具有教育意义。当然其中封建性的糟粕如对女性的某种偏见、迷信报应、自得守旧等是那个时代的历史局限，我们是不能苛求于前人的。

《朱柏庐治家格言》全文虽只有600多字，却集儒家做人处事方法之大成，思想植根深厚，含义博大精深，需要我们很好地继承与发扬。

第六讲
《包拯家训》：三十七字，字字珠玑

众所周知，包拯是中国历史上最著名的清官之一，他官至中央大员，对子孙的教育也非常重视，《包拯家训》是他教导后辈廉洁奉公的家书。我们先来认识一下包拯。

> 包拯（999—1062年），字希仁，庐州合肥（今安徽合肥肥东）人，北宋名臣。宋天圣五年（1027年），包拯进士及第。此后，包拯曾担任过三司户部判官、御史中丞、三司使、枢密副使等官职。一般人比较熟悉的"包待制""包龙图"指的就是包拯，这是因为他曾经担任过天章阁待制、龙图阁直学士的职务。宋嘉祐七年（1062年），包拯寿终于64岁。朝廷追赠包拯为礼部尚书，谥号为"孝肃"，所以后世也称他为"包孝肃"，包拯的传世著作有《包孝肃公奏议》。

在讲《包拯家训》之前，先讲两个有关包拯的廉洁故事，有助于我们对《包拯家训》的理解。

包拯拒礼。包拯60岁生日，皇帝送贺礼，纸上写着：德高望重一品卿，日夜操劳似魏征。今日皇上把礼送，拒礼门外理不通。包拯看后，立即挥毫题诗：铁面无私丹心忠，做官最忌念叨功。操劳本是分内事，拒礼为开廉洁风。

不持一砚归。有一次，包拯被调到端州做地方官，这里的端砚非常有名。他到任不久，便听说历任地方官员借进贡端砚为名盘剥百姓，砚工苦不堪言。为了弄个究竟，一天包拯穿上便服，去砚工最集中的村子了解情况。本来按规定，端州每年只向朝廷进贡十块贡砚，而地方贪官私自增加数目，中饱私囊，害苦了砚工。包拯据此专门出了一份告示，规定不得任意增加贡砚数目，不准克扣砚工的工钱，百姓们高兴极了。包拯离任时，端州男女老幼都来码头送行。很多人携物相赠，都被包拯一一谢绝了。官船在一片赞扬声中顺江而下，不久就到了羚羊峡。风和日丽的天空突然乌云翻滚，浊浪排空。包拯感到事有蹊跷，但他又想自己平生廉正，上天断不会为难自己。然而，过了好一会儿，风还不停，浪也不止。包拯追问再三，这时他的书童忽然跪下承认，离开前有人送了一块端砚，他认为是小事，就私下替包拯收了。包拯一听，当即命令书童将砚台取出。这块端砚，外包黄布，砚身雕龙刻凤，果然是方好砚。包拯喜爱书法，对文房用具也很钟情。但他连看也没看一眼，随手将端砚抛到江里。说也奇怪，砚一落江，顿时风平浪静，云开日出。船开行不久，就在端砚下沉的地方隆起一片沙洲。包裹端砚的黄布顺流而下，一片黄光，变成了沙滩。传说现在广东广利镇的"砚洲"和沙浦镇的"黄布沙"就是这样形成的。

包拯为官清正廉洁、公正刚毅,铁面无私、英武果决,为百姓解决不公和不平。所以,才会有"包青天"和"包公"的美名,甚至流传着"关节不到,有阎罗包老"的说法。后来,人们因为崇拜他,把他视为神明,说他是奎星转世,得到了百姓们的喜爱。

在中国的许多地方都能找到包公祠庙,南北方都有人在怀念崇敬他。在民间有许多关于包拯的神话传说,百姓认为包拯是神明的化身。于是,就出现了很多关于包拯事迹的小说、影视剧等,增加了包拯的神话元素。一些传说中提到,包拯是判官,上可审判天神,下可审判地狱小鬼;日间审判阳间,夜间审判阴间;死后还作了阴间的阎罗王。这些传说可以从侧面说明百姓对包拯的极高评价。

被誉为"三十七字,字字珠玑"的《包拯家训》的具体内容是什么?我们从中可以受到怎样的启示呢?让我们翻开这部家训一探究竟。

包孝肃公家训云:"后世子孙仕宦,有犯脏滥者,不得放归本家;亡殁之后,不得葬于大茔之中。不从吾志,非吾子孙。"

共三十七字。其下押字又云:"仰珙刊石,竖于堂屋东壁,以诏后世。"又十四字。珙者,孝肃之子也。

这段文字用现在的话来解释就是:我的后代子孙当官的人中,如果出现犯贪污违法罪而被撤职的人,不允许回到老家,不允许走进包家大门;他们死了以后,也都不允许把他们埋葬在包家世代的坟茔之中。凡是不遵从我的志愿的，就不是我包拯的子孙后代。

原文共有 37 个字。在家训后面，包拯又写道："希望包珙把上面这段文字刻在石头上，把刻石竖立在堂屋东面的墙壁边，以此来告诫我的后世子孙。"原文之下又增加了这 14 个字。文中的包珙，就是包拯的儿子。

《包拯家训》其实并不是包拯的遗嘱，而是他在身居高官时所写。包拯教育子孙后代如果有当官的人，一定要遵循家训、恪守清白廉洁的家风，不能贪污腐败受贿，一旦出现这种情况，他就不再是包家的后代，在世时不能进包家门，死了以后也不能被埋葬在包家世代的族墓中。包拯用这种严厉的家庭家风的教育，警示包氏后代一定严格要求自己的言行，做人做事都要清白、廉洁奉公。

《包拯家训》中最核心的思想就是教育子孙后代做人做事绝对不能贪图功名利禄，要做一个清白廉洁的人。应当说，《包拯家训》是非常严厉的家训，是包拯人生道德准则的体现，表达了他高尚正直的操守，用来教育训诫他的子孙后代。从中，我们可以看到一个公正廉明、惩恶扬善的大清官形象。包拯早年在庐州当知州的时候，他的亲戚非常高兴，想着借包拯的威风来徇私枉法。包拯的舅舅认为外甥当官，即使犯法也会被照顾。但是，现实却正好相反。包拯仍然开庭审讯他的舅舅，根据律法责打了数十大板。这使包拯的亲朋此后再也不敢违法乱纪、为非作歹。

《包拯家训》传承至今已有近千年，虽然字数不多，但是却成为了包家世代遵循的金科玉律。包拯的后裔不仅要接受祖先的名声荣耀，而且也要受到百姓的监督和批评。家训用石刻的形式保存包氏宗族的清正家风，他的后世子孙一直恪守着包拯的家训：比如包拯的次子包绶，在他赴任潭州通判的路途上病故，享年48岁。人们打开他的行李，发现"除诰轴、著述外，曾无毫发所积为日后计者"。最后只得把他携带的墨砚、印鉴、碗罐等用品，埋葬在棺木中。1973年，后人在清理包绶墓时看到，确实是如史籍所记载的，墓中只有这些极为简单的遗物。包绶的夫人文氏，是当朝副宰相文彦博的小女儿，出身非常显赫，但也是"赋性寡欲，常不如荤，以清静自将"，完全遵循包拯的家训。包拯的孙子包永年历任县主簿、县尉、县令等职，"凡厥莅官临事，廉清不扰"。包永年死后，在清理他的财物时，看到"了无遗蓄"，甚至连丧葬费用都是由两位堂弟资助的。一个家族做官能够做到如此清正廉洁的程度，包家门风实在是令后人感叹。

包拯的后代中，两代子孙包绶、包永年及崔氏、文氏等子媳，都传承了包家的"孝肃家风"，继承了包拯的遗志。后来，包绶墓、包永年墓，以及夫人和子媳之墓，都安葬于包拯墓旁，被世人所敬仰。《包拯家训》中说子孙后代若有违法犯罪的，活着不能回家，死了也不能安葬在包家墓地，看起来是非常的冷酷无情。但是转念一想，这种对后代的无情恰恰是对后代的关爱，严格要求他们不能违法乱纪、走上邪路，不能愧为包拯的子孙，这样才更能保持一生的平安。所以，包拯的"孝肃家风"无疑是中国历史上清官家风的代表。

包拯在出仕端州时曾经写了一首戒廉诗："清心为治本，直道是身谋。秀干终成栋，精钢不作钩。仓充鼠雀喜，草尽狐兔愁。史册有遗训，毋贻来者羞。"诗中表达了作者"为民者愿"，可作为"为政者师"的想法。果然，包拯祖孙三代都做到了无愧于人、无愧于天地。这一切都能看到包拯 37 个字的家训的影响，能看到包拯将家训的精神融入其为官做人的生活。

近代抗日名将吉鸿昌也深受父亲教导，立志"做官不许发财"。吉鸿昌早年在冯玉祥部队当兵，因英勇善战升为营长、师长，后任国民党军长和宁夏省政府主席。1920 年，25 岁的吉鸿昌任营长，父亲吉筠亭病重。他对前来探视的吉鸿昌说："当官要清白谦正，多为天下穷人着想，做官就不许发财。否则，我在九泉之下也不能安眠。"吉鸿昌含泪答应。吉鸿昌父亲病逝后，他把"做官不许发财"六字写在瓷碗上，要陶瓷厂仿照成批烧制，把瓷碗分发给所有官兵。在分发瓷碗大会上说："我吉鸿昌虽为长官，但决不欺压民众，掠取民财，我要牢记父亲教诲，做官不为发财，为天下穷人办好事，请诸位兄弟监督。"吉鸿昌言行一致，一生清白谦正，处处为民众着想。当日本帝国主义侵略中国，人民陷入水深火热之中，他反对蒋介石的投降政策，奋起抗日，遭国民党反动派杀害，牺牲时年仅 39 岁。

家训是对子孙立身处世、持家治业的教诲，端蒙养、重家教是中华民族的优良传统，《包拯家训》对今人来说依然具有重要的教育意义。

今天，领导干部首先要带头教育好自己的家人，加强对家属的教育引导，把廉洁教育看作齐家的重要内容，让家属摆正自己的心态，严于律己，对待权力要大公无私，交友要谨慎，远离不良习气，传承清白廉洁、勤俭节约的良好家风。

领导干部要克制私欲、政府要根治贪污、执政党要清除腐败,这样国家才能强盛。《包拯家训》中蕴藏着中华优秀传统文化清正向上的精神力量,家风决定了国风,家庭廉洁才能使社会清明。所以,一个好的家庭一定会有好家风,能帮助人的一生保持积极向上,这样才不会让子孙后代走上歧路。

《包拯家训》一共只有区区37个字,却可以说是字字珠玑,我们从中可以感受到包拯的清廉正直的风范,让后人由衷起敬。"龙图包公,生平若何?肺肝冰雪,胸次山河。报国尽忠,临政无阿。杲杲清名,万古不磨。"(《题包公遗像》)后人用这句诗词来赞美和歌颂包拯、怀念和敬仰包公精神。

第七讲
《放翁家训》：后生之药石

《放翁家训》原名为《绪训》，正文共有 26 则，是南宋爱国诗人陆游写给子孙的家诫家训。该家训由前后两部分组成，前一部分大概是在陆游 44 岁时创作，后一部分大概是陆游 80 岁时所写。《放翁家训》在宋代家书家训当中有一定的历史地位，因为此书是陆游根据个人的真实经历及一生感悟撰写而成，所以在对子孙后代的教育上具有独特的道德引领作用，其中最重要的内涵即告诫子孙后人一定传承清白廉洁的家风，做一个清清白白的人，一心耕读成为正人君子。我们先来认识一下陆游。

> 陆游（1125—1210 年），字务观，号放翁，越州山阴（今绍兴）人。尚书右丞陆佃之孙。南宋文学家、史学家、爱国诗人。陆游的一生恰逢北宋灭亡之际，他在年幼时就开始接受爱国主义思想的熏陶。他一生

> 创作的诗歌非常多，内容颇为丰富，今存9000多首，并著有《南唐书》《渭南文集》《剑南诗稿》《老学庵笔记》等著作。陆游的诗词语言平易顺畅、章法整饬谨严，同时包含李白的雄放与杜甫的郁悲，特别是他充满爱国思想的作品感人至深。

那么，《放翁家训》的具体内容是什么？我们节选这部家训中的部分内容，以窥一斑而知全豹。

吾生平未尝害人。人之害吾者，或出忌嫉，或偶不相知，或以为利，其情多可谅，不必以为怨，谨避之，可也。若中吾过者，尤当置之。汝辈但能寡过，勿与贵达亲厚，则人之害己者自少。吾虽悔已不可追，以吾为戒，可也。

风俗方日坏，可忧者非一事，吾幸老且死矣，若使未遽死，亦决不复出仕，惟顾念子孙，不能无老妪态。吾家本农也，复能为农，策之上也。杜门穷经，不应举，不求仕，策之中也。安于小官，不慕荣达，策之下也。舍此三者，则无策矣。汝辈今日闻吾此言，必当不以为是，他日乃思之耳。暇日时与兄弟一观以自警，不必为他人言也。

后生才锐者，最易坏。若有之，父兄当以为忧，不可以为喜也。切须常加简束，令熟读经学，训以宽厚恭谨，勿令与浮薄者游处，自此十许年，志趣自成。不然，其可虑之事，盖非一端。吾此言，后生之药石也，各须谨之，毋贻后悔。

《放翁家训》内容接近遗训，就像是老人在向后辈有条不紊地交代后事，其中关于丧葬的有 11 则，包括怎么购置棺材、书写墓志铭、丧礼仪式、墓木、守墓僧等。除此之外，其他内容共计 15 则，主要内容为教育后代们应该如何为人处世、待人接物、教育后代等。《放翁家训》回顾了陆氏祖先在唐代就有六人为辅相，到了宋代又有公卿的家世，从而讲到教育子女、齐家治家的重要。陆游提出"天下之事，常成于困约，而败于奢靡"，告诫子孙后代在修养、为人、处世、生活、经济、求学等方面应有所注意。他提出要以"挠节以求贵，市道以营利"为耻；不要与贵达之人亲近，不要追求高官厚禄，不要以官势高位欺人；不要因为衣食而做市井小人之事，最好是以从事农耕为上策；还要注意戒奢侈、戒贪、戒轻薄、戒诉讼、不要杀生等。

陆游的《放翁家训》给我们带来怎样的启示呢？

第一，要丧事从简，不要厚葬。陆游告诫子孙说：厚葬与存殁无益，古今达人，言之已详。送葬不做"香亭魂亭寓人寓马"；"墓木毋过数十"，墓前不立"石人石虎"；墓铭"自记平生大略"，以慰子孙之心，决不"溢美以诬后世"。意思是说，丧事大办对生人和死者都不好。这件事历史上明理通达的人都已经说得非常清楚了，棺材好不好都要埋在土里，丧事一定要从简。

中国古代有作为的皇帝不少，但有所作为又崇尚节俭的皇帝并不多，汉文帝刘恒就是其中一位。《史记·孝文帝本纪》记载，他在位 23 年，"宫室苑囿狗马服御无所增益，有不便，辄弛以利民"。"宫室"就是宫殿建筑，"苑囿"就是皇家园林以及供皇室打猎游玩的场所，"狗马"是供皇帝娱乐使用的动物、设施，"服御"是为皇帝服务的服饰车辆仪仗等。这些都是封建社会帝王讲排场、显威严、享乐游玩必不可少的，皇帝们大都十分重视。然而，汉文帝当皇帝23年，居然没有盖宫殿，没有修园林，没有增添车辆仪仗，甚至连狗马都没有增添，但凡对百姓不便的事情，就予以废止，这与秦始皇的骄奢淫逸、大兴土木、强征劳役、修建阿房宫和骊山陵墓，造成民不聊生、怨声载道，形成了强烈的对比。

古代皇帝住的宫殿，大都要修筑宏伟的露台。汉文帝也想造一个露台，他找到工匠，让他们算算价钱。召来工匠一计算，发现造价要值上百斤黄金。文帝听后说，"百金中民十家之产，吾奉先帝宫室。常恐羞之，何以台为！"意思是说，百斤黄金相当于十户中等人家的产业，我继承了先帝留下来的宫室，时常担心有辱于先帝，还建造露台干什么呢？

汉文帝的穿衣很是朴素，"上常衣绨衣，所幸慎夫人，今衣不得曳地，帏帐不得文绣，以示敦朴，为天下先"。古书中常见到"绨"这个字，绨是厚缯，质地较粗，也就是粗布袍子。汉文帝不仅自己穿粗布衣服，后宫也是朴素服饰。当时，贵夫人们长衣拖地是很时髦的，为了节约布料，即使是自己最宠幸的慎夫人，也不准衣服长得下摆拖到地上。宫里的帐幕、帷子全没刺绣、不带花边，以此来表示俭朴，为天下人作出榜样。

汉文帝还打破封建社会长期的厚葬制度，在他死前，亲自安排自己的丧事。他在遗诏中痛斥了厚葬的陋俗，要求为自己从简办丧事，对待自己的归宿"霸陵"，明确要求"皆以瓦器，不得以金银铜锡为饰，不治坟，欲为省，毋烦民"。陪葬一律用瓦器，不准用金银铜锡等金属做装饰，不修高大的墓冢，要节省，不要烦扰百姓。"霸陵山川因其故，勿有所改"，霸陵要按照山川原来的样子，因地制宜，建一座简陋的坟地，不要因为给自己建墓而大兴土木，改变了山川原来的模样。汉文帝还主张死后把夫人以下的宫女遣送回家，让她们改嫁。后来赤眉军攻进长安，许多皇帝的陵墓都被挖了，唯独没动汉文帝的陵墓，因为他们知道里面没有啥贵重东西。

汉文帝加强中央集权，镇压叛乱，巩固国防，废除肉刑、连坐等严刑苛法，重视民生，减省租赋，虚心纳谏，重用人才，励精图治，使汉朝从国家初定逐步走向繁荣昌盛，为后来汉武帝的横扫四方打下了坚实的基础。由于汉文帝这种廉洁爱民的精神和励精图治的实践，才造就了"文景之治"的盛世。

第二，要淡泊名利，知足常乐。陆游告诫子孙后辈不要贪婪，对待物质利益要有正确的价值观。他说："世之贪夫，馁壑无餍，固不足责。"意思是说，世上那些贪得无厌的人，欲壑难填、永远不知道满足，本来就不值得去费口舌责备。陆游想说明的是要保持内心恬淡，不图名利，加强修养，这样就不会变得贪婪。

晋代陶渊明在人生不得志、仕途不如意的情况下选择了隐居。大隐隐于市，他"结庐在人境"，心平气顺地接受了现实，过着怡然自得的生活。陶渊明就是这样一个有大智慧的人，他既不屑与时局同流合污，也不愿放弃自己的理想。他知道自己没有与黑暗势力对抗的力量，所以他选择了"退一步海阔天空"，在自己的世界里自由翱翔。

第三，要待人谦和，不分厚薄。陆游还教导子孙后辈："人士有吾辈行同者，虽位有贵贱，交有厚薄，汝辈见之，当极恭逊"。他说道，在我的同辈同道之人中，虽然有地位的高低贵贱，交往有厚薄亲疏。但是，你们这些后辈见到了他们，也都要极其恭敬谦逊尊重。就算是你们做了高官，也要做到请求位居其下。假如不能位居其下，就要去别的地方做官。

大家都听说过"管鲍之交"的故事。齐国时期，有一对关系很好的朋友，他们一个叫鲍叔牙，另一个叫管仲。在他们还年轻的时候，管仲家里是很贫穷的，而且还要照顾自己的母亲，后来鲍叔牙知道了管仲的情况，就找到了管仲，和他一起去做一些买卖。但是，管仲那个时候根本没有本钱，就连他们做生意的本钱基本上都是鲍叔牙出的，最后他们两个赚了钱之后管仲拿的要比鲍叔牙多，鲍叔牙家的下人看见了就说："管仲太奇怪了，本钱没有他家的主人多，但是赚钱之后，分的却比自己主人多。"鲍叔牙知道后就对下人说："你们不能这么说他，管仲家庭不是很好，他还要照顾自己的母亲，多拿一些没有关系的。"还有一次，他们两个去打仗，在每次发起进攻的时候，管仲都走在最后，士兵们就说管仲是一个贪生怕死的人。但是，鲍叔牙知道之后就连忙替管仲说好话，说因为管仲家里有个老母亲要照顾，如果他死了就没有人照顾母亲了，他并不是贪生怕死。

后来齐国的大王去世了，大儿子公子诸当上了大王，他每天只知道贪图享受安乐，不理朝政，鲍叔牙觉得齐国肯定会发生内战，于是他就连忙带着公子小白逃去了莒国，管仲就带着公子纠去了鲁国。不久，公子诸被人杀死，趁着齐国一片混乱，公子小白去和公子纠争夺王位，于是管仲就想杀掉公子小白，以便公子纠能够顺利登上王位，但是，管仲在射杀公子小白的时候，箭射偏了，公子小白并没有死，最后公子小白还是登上了王位，并下令杀了管仲，还让鲍叔牙做宰相，鲍叔牙知道后，就立马求情，希望公子小白不要杀管仲，因为管仲是一个很有才华的人，可以重用。但是公子小白觉得管仲之前想要杀他，就是仇人，鲍叔牙说这个不能怪管仲，当时他也是为了自己的主人，公子小白听了之后，就封管仲也做了宰相，后来管仲协助小白把齐国治理得井井有条。所以后来在司马迁的《史记·管仲传》中写道："生我者父母，知我者鲍子也。"

第四，要耕读为本，不求官位。陆游认为："吾家本农也，复能为农，策之上也。杜门穷经，不应举，不求仕，策之中也。安于小官，不慕荣达，策之下也。"陆游让后辈要坚持耕读，不追求荣华富贵。这是因为耕读文化是中国文化中的优良传统，它深刻影响了中国哲学、中国农学、中国科学等，帮助知识分子更亲近和接近老百姓，从而养成实事求是的务实作风。

耕读文化最早可以追溯到春秋战国时期。孔子认为学稼学圃是小人之事，他说"君子谋道不谋食，耕也，馁在其中矣；学也，禄在其中矣"。《论语》中提到的倚杖荷条的"丈人"，曾挖苦孔夫子"四体不勤，五谷不分"。孟子也提倡将劳心与劳力分开，他说"劳心者治人，劳力者治于人"。农家学派的许行提出"贤者与民并耕而食"。在此之后，逐渐发展为两种文化传统，一种是倡导"书香门第"，"万般皆下品，唯有读书高"，瞧不起农业劳动和劳动人民；另外一种是宣传"耕读传家"，弘扬耕读文化，认为耕读光荣，大胆冲击儒家传统。在南北朝以后出现的家书家训，很多都有耕读文化的影响，劝导人们要结合耕与读。

耕读传家久，诗书继世长。自古以来，这则古训被不少家族奉为家规家训，寄寓着长辈对后世子孙的谆谆教诲与殷切期望。在耕读文化发展过程中，"耕"和"读"的内涵也越来越丰富。"耕"不仅是一种生产生活方式，"读"也不只是为了读书应举。在辛勤劳作的同时，可以培养勤劳务实、吃苦耐劳、脚踏实地的品质，感受"粒粒皆辛苦"的辛劳与不易，更有助于养成勤俭节约的习惯。而读书则不仅可以立志，更能修身、立德，激发"以天下为己任"的责任感和担当意识。通过耕读培育良好的行为习惯和高尚情操，不断滋养个人道德品格，从而使家庭和睦、社会和谐，这正是耕读传家的现实意义所在。北宋时期，宋仁宗颁布劝耕劝读政策，鼓励士人、农家子弟参加科举考试，规定必须在本乡读书应试，促使各地普设各类学校。这样一来，便把士人、农家子弟与家乡土地紧密联系在一起，使耕读相兼的观念越来越深入人心，逐渐形成重视耕读的文化传统。

第五，要乐于读书，注重修养。陆游说："后生才锐者，最易怀。若有之，父兄当以为忧，不可以为喜也。切须常加简束，令熟读经子，训以宽厚恭谨，勿令与浮薄者游处。"这句话的意思是，晚辈中，那些才思敏锐的孩子，最容易受到影响而学坏。假如有这种情况，父辈兄长们应当引以为忧虑，不能认为是欣喜的事。切记对孩子加以约束和管教，让他们熟练诵读儒家经典，训导孩子要宽容、厚道、恭敬、谨慎，不要让他们与游手好闲、轻浮浅薄之人交往。

教育孩子要从学习、品性、交友这三方面来熏陶"才锐者",如此培育多年,才能使他"志趣自成"。所以,孩子的道德品行要从小教育,不能只是让孩子们学习课本知识,而要先学做人、后学成才,学会宽容、恭敬、厚道、谨慎。但是,子女的教育与周围环境是密不可分的,所谓"损者三友"——友便辟,友善柔,友便佞,损矣;"益者三友"——友直,友谅,友多闻,益矣,也就是近朱者赤,近墨者黑。

钱基博乃一代国学大师,是我国著名学者、作家钱钟书的父亲。钱基博对儿子管教极严,钱钟书16岁时,还被痛打了一顿。1926年秋至次年夏天,钱基博北上清华大学任教,寒假没回无锡。此时的钱钟书正读中学,没有温习课本,而是一头扎进了小说的世界。等父亲回来考问功课,钱钟书过不了关,于是挨了打。1929年,钱钟书考入清华大学外文系后,钱基博还时常写信给他。一封信中说:"做一仁人君子,比做一名士尤切要。"随后一封信则表示:"现在外间物论,谓汝文章胜我,学问过我,我固心喜;然不如人称汝笃实过我,力行过我,我尤心慰。"希望钱钟书能"淡泊明志,宁静致远。我望汝为诸葛公、陶渊明;不喜汝为胡适之、徐志摩"。

从《放翁家训》中,能够觉察到陆游对后辈的教育极为重视,他教育孩子不是追求"成功""好工作""车子房子票子",而是追求"为天地立心,为生民立命,为往圣继绝学,为万世开太平"。

陆游是宋朝著名的爱国诗人,他一生爱国护国,真正做到了爱民济民。他告诫后代,不可追求高官厚禄而要救济百姓。在陆游的言传身教下,陆游的两个儿子都成为了著名的清官;

他的孙子陆元廷，坚持抗敌、奔走呼号，积劳成疾而死；他的曾孙陆传义，与敌人誓死抗争，在崖山兵败、绝食而亡；他的玄孙陆天骐，在战斗中宁死不屈，投海自尽。

因此，陆游的《放翁家训》具有较高的思想价值和文学价值，流传千古，发人深思。

第八讲
《诲学说》：玉不琢，不成器

欧阳修是北宋著名的政治家、文学家和史学家。他读书勤奋，才华横溢，笔耕不辍，在文学上有极高的造诣。《诲学说》就是他在茫茫史籍中，结合自身的人生经验，留给他的次子欧阳奕的精神财富。我们先来认识一下欧阳修。

> 欧阳修（1007—1072年），字永叔，号醉翁，晚号六一居士，江西庐陵人（今江西永丰），出生于绵州（今四川绵阳）。欧阳修小的时候家庭很贫困，他的母亲把荻秆当笔在地上教他读书和写字，这就是"画荻教子"的故事。宋仁宗天圣八年（1030年），欧阳修进士及第。他的一生先后在仁宗、英宗、神宗三朝为官，官至翰林学士、枢密副使、参知政事。欧阳修为人正直，注意选拔后进，曾支持范仲淹的革新运动，到了晚年思想趋向保守，后来与司马光一起反对

> 王安石的"新法"。死后谥号"文忠",所以一般也称他为欧阳文忠。欧阳修与韩愈、柳宗元、苏洵、苏轼、苏辙、王安石、曾巩合称"唐宋八大家",他是宋代文坛领袖,开创了一代文风。欧阳修还与韩愈、柳宗元、苏轼合称"千古文章四大家"。欧阳修发展了韩愈的古文,引领了北宋诗文革新运动。欧阳修基于他正确的古文理论而开创了北宋新一代文风,他创作的散文成就很高。同时,他还变革了诗风和词风,与宋祁合撰了《新唐书》,编撰了《新五代史》,说明他在史学领域也有很高的成就。

那么,欧阳修《诲学说》的具体内容是什么?我们从中可以受到怎样的启示呢?让我们走进这部家训一探究竟。

玉不琢,不成器;人不学,不知道。然玉之为物,有不变之常德,虽不琢以为器,而犹不害为玉也。人之性,因物则迁。不学,则舍君子而为小人,可不念哉?付奕。

用现在的话来解释就是:玉石如果不雕琢,就不能成为器物;人如果不学习,就不懂得道理。然而玉石作为一种物质,拥有不能改变的恒常品性,即使不雕琢为器物,也仍然不损害它作为玉的本性。人的品性,会随着外物的影响而发生变化。人如果不学习,就会放弃成为君子而变为小人,怎么能不思考这个道理呢?这就是为父对你(欧阳奕)说的话。

在欧阳修4岁时，他的父亲就去世了。但是母亲对他的教育很严格。为了节减开支，欧阳修的母亲以芦苇、木炭作笔，在地上教欧阳修写字。他的母亲经常以古人刻苦读书的故事教育他，在母亲的影响下，欧阳修在家训中也表达了要儿子养成爱读书的好习惯，从中学到做人做事的道理。这篇《诲学说》就是他教育二儿子欧阳奕时写下的，鼓励他儿子努力学习、提升道德修养。《诲学说》的目的就在于此。

欧阳修在《诲学说》中讨论了"玉"与"人"之间的辩证关系。他想表达的意思是，玉石如果不经过雕琢与打磨，就不能展现光芒被人喜爱。人如果不能静下心、不经过锻炼，就不能成为拥有高尚品德的君子或有所作为。当今社会，物质发达、欲望泛滥，假如人们再不努力学习，就会碌碌无为、失去精神方向，更找不到幸福和快乐。所以，《诲学说》中的警句名言其实是在帮助我们，时时提醒自己、反省自己，把我们内心的欲望和灰尘擦去，恢复我们内心本来的清净面目。我们努力学习读书，勤劳奋斗就是为了拥有更幸福和更有意义的人生。面对现实中的不正之风，如果没有良好的家庭教育和家风熏陶，很容易走上邪路歪路。欧阳修在《诲学说》教育儿子要做个正直的人，要走正道，这对欧阳奕为官做人都起到了很大的引导作用。

《诲学说》中指出"人之性，因物则迁"。如果细心观察，会发现历史上确实有很多这样的例子。

我们熟悉的《三字经》中说道："昔孟母，择邻处。"在战国时期，孟子的母亲为了教育好他，先后三次搬家，就是为了给孟子寻找一个良好的学习环境。孟母最后安家在学堂附近，这样孟子就能够常常亲近仁者，在老师与同学的氛围中成长，得到良好的熏陶。最终孟子没有辜负母亲的期望，成为一代儒家圣贤。所以我们常说，近朱者赤，近墨者黑。做人做事同样如此，亲近仁者，就会变善；亲近恶人，就会学坏，这是毋庸置疑的道理。

荀子说过："蓬生麻中，不扶而直；白沙在涅，与之俱黑。"意思是：蓬草生长在麻丛中，不须扶持自然就会长得挺直；白沙混进黑泥里，就会变得和黑泥一样黑。所以，这就是"环境造就人"的意思，讲的也是同样的道理。

因此，父母在家庭中的言传身教显得弥足珍贵，孩子的行为都会受到父母潜移默化的影响。如果在一个家庭中，父母长辈有很多不良嗜好，都会深深影响到孩子的人格养成，例如抽烟、喝酒、赌博等。所以说，家庭是孩子的第一所学校，父母是儿女的第一任老师。

欧阳修的母亲郑氏，自嫁给欧阳修的父亲欧阳观以后，一直跟随丈夫在外生活。宋真宗景德四年（1007年）六月，欧阳修出生在父亲四川绵州推官任所。4岁那年，父亲调任泰州判官，不久便去世了。父亲生前为官清廉，喜欢结交朋友，乐于接济穷人，死后家里没有留下任何财物，穷得上无片瓦，下无寸地。转眼间，欧阳修到了上学的年龄，其他同龄孩子都进书馆读书去了，可郑氏没钱送儿子读书，心里非常着急。怎么办呢？郑氏非常清楚，连纸张笔墨都买不起，私塾先生就更加请不起了，所以还是决定自己来教儿子读书写字。没有课本，郑氏就把自己学过的诗文逐一回忆起来，教儿子读，教儿子背。郑氏正在为没有笔墨纸砚发愁时，突然有一天，她在河边洗衣服，飕飕的霜风吹得沙滩上的芦苇七零八落，被折断的芦苇秆把一片平整的沙地划得沟沟壑壑，似字非字，这给郑氏启发很大，她灵机一动，用衣兜从河滩上捞取了些许细沙，又折来几根芦苇秆，回家后，她把细沙装进一个大盘里抹平，就用沙盘当纸，用芦秆代笔，手把手地开始教儿子写字习文。欧阳修就这样在沙盘上跟着母亲一笔一画地学，反反复复地练，每字每句都要一丝不苟地读熟写好才肯罢休。幼小的欧阳修在母亲的教育下，很快爱上了诗书。每天写读，积累越来越多，很小的时候就已能过目成诵。随着欧阳修慢慢长大，母亲除了教育儿子写字习文之外，还常常用他父亲为官处世的故事来教育欧阳修。欧阳修在母亲的辛勤培育下，通过自己的刻苦努力，最终成为北宋著名文学家、史学家、政治家、经学家、金石学家、目录学家和谱牒学家。他成功领导了北宋诗文革新运动，并大获全胜，在世界文学史上影响深远，被公认为北宋文坛领袖、一代文章宗师。

欧阳母"画荻教子"的典故家喻户晓，传颂古今，彪炳史册，影响了一代又一代的中华儿女，激励了一批又一批的后学晚辈，使之成为国家栋梁、民族精英。这则教子典故，成为古今中外母教文化的典范，为此，欧阳母与孟母、陶母、岳母被誉为"中国古代四大贤母"。

正如《诲学说》里所提出的"不学则舍君子而为小人"，成为一个君子，是欧阳修毕生为学的目标。而他的父亲欧阳观，正是一个让他终生以之为学习榜样的仁厚君子。

欧阳观在世时曾任推官，经常处理案件到深夜。对于涉及老百姓的案件，他十分慎重，总是翻来覆去地检看，凡是能够依法从轻的，他都酌情从轻；实在不能免死的，他虽忍痛处以极刑，自己却流泪叹息不已，这样的爱民情怀传给了欧阳修。

1036年，欧阳修因支持范仲淹的政治改革而仗义执言，被贬到夷陵（今湖北宜昌），有一次翻看架子上的陈年公案卷宗，发现里边的冤假错案数不胜数，把理屈的判为理直的，以黑为白，以真为假，徇私枉法，灭亲害义，无所不为。夷陵不过是个荒僻的小县尚且这样，整个国家的情况也就可想而知了。当时欧阳修便暗暗发誓，今后处理政务，绝对不能疏忽大意、玩忽职守。为了兑现这个无声的承诺，他日夜操劳，每自躬亲，终于在"争讼甚多""官书无簿籍"又"吏曹不识文字"的穷困小县里设立起一套严密有效的规章制度。学在书中磨，人在事上磨。在夷陵艰苦的4年县令生涯，培养了欧阳修为民爱民的情怀，造就了欧阳修能吃苦、敢碰硬的不屈韧性。

此外，欧阳修还善于识别人才和培养人才。他曾举荐过的苏轼、曾巩、王安石等人，历史证明确实都是人才，后来都受到了朝廷重视。而且，欧阳修所引领的宋代诗文革新运动，旨在传承和发扬古文，去其糟粕，取其精华，产生了重大的影响。苏轼、曾巩、王安石等人的人格与文学成就相得益彰，在他们身上都能看到欧阳修的教诲与影响。因此，欧阳修宽广的胸襟，对人才的鉴别与培养，对文学革新事业的贡献，让后人切实感受到了他的人格力量。

1041年，当时还默默无闻的曾巩，给欧阳修写了一封自荐信，并献上《时务策》一文，以表达自己的政见。欧阳修读后赏识不已，曾巩擅长古文策论，轻于应举时文，屡试不第。为此，欧阳修特撰《送曾巩秀才序》为其叫屈，又把曾巩纳入自己的门下。在欧阳修的培养和帮助下，曾巩于公元1057年高中进士，从此一鸣天下知。

苏洵、苏轼、苏辙父子三人成名，也得益于欧阳修这位伯乐。据北宋叶梦得《避暑录话》记载，公元1056年，48岁的苏洵携苏轼、苏辙兄弟以文章为"敲门砖"，拜访了益州知州张方平，希望得到举荐。张方平写了一封推荐信，让苏氏父子去京城拜访翰林学士欧阳修。之前，欧阳修与张方平曾因政见不同而交怨，但当欧阳修读了苏洵的文章后，并不因为他是政敌推荐的而怠慢，反而以赞赏的口吻说："后来文章当在此！"立即向宋仁宗上《荐布衣苏洵状》，赞其"文章不为空言而期于有用""辞辩闳伟，博于古而宜于今，实有用之言"，极力举荐，苏洵从此名动京师。

再回到《诲学说》。《诲学说》中提到的玉有不变恒常的属性，但是人的心性会随着外在环境的变化而变化。人生如同逆水行舟，不进则退，如果没有勤奋努力好学的习惯，很有可能会远离道业，由君子变为小人，不可不谨慎小心。人的一生，若是没有学习的目标、方向、习惯，难免会有迷茫和无助，缺少了学习的信仰，更会不知所措、遗憾空虚。

通过学习欧阳修的《诲学说》，我们对"玉"与"人"的辩证关系有了更深刻的认识。其中的名言，"玉不琢，不成器；人不学，不知道"就是出自儒家经典《礼记·学记》，可谓是诲学良言，发人深省，引人向善。

第九讲
《诫皇属》：帝王家训的代表作

在中国历史上的众多家训中，因作者的特殊身份，历朝历代帝王的家训是非常特别的一类。其中，唐太宗李世民所作的《诫皇属》就是帝王家训中的代表作之一。我们先来认识一下李世民。

> 唐太宗李世民（599—649年），唐朝第二位皇帝（626—649年在位），政治家、战略家、军事家、书法家、诗人。贞观二十三年（649年），李世民驾崩于含风殿，享年52岁，在位23年，庙号太宗，谥号文皇帝，葬于昭陵。他爱好文学与书法，有诗作与墨宝传世，他所作的《诫皇属》是王家帝训的代表作之一。

唐太宗李世民在《诫皇属》中这样告诫皇属。

> 朕即位十三年矣，外绝游览之乐，内却声色之娱。汝等生于富贵，长自深宫，夫帝子亲王，先须克己。每著一衣，则悯蚕妇；每餐一食，则念耕夫。至于听断之间，勿先恣其喜怒。朕每亲监庶政，岂敢惮于焦劳。汝等勿鄙人短，勿恃己长，乃可永久高贵，以保终吉。先贤有言："逆吾者是吾师，顺吾者是吾贼。"不可不察也。

从这段话可以看出，唐太宗李世民对皇属的指导和教育工作非常重视，常常劝勉和训诫这些皇属，在修身做人和道德修养方面要不断加强，从而逐渐学习和掌握治理国家的方法。他在《诫皇属》中以自己勤勉爱民的例子，用来教导"生于富贵，长自深宫"的皇子亲王们，虽然地位高贵、衣食无忧，但是一定要懂得严格要求和克制自己，知道衣食的来之不易，学会勤俭节约，穿衣吃饭都不可以忘记蚕妇和农民的辛劳付出。在听闻政事、做出决断的时刻，也不能感情用事、喜怒任性，要学会谦虚谨慎、戒骄戒躁，不能鄙视瞧不起他人的短处，也不能仗势而骄傲自大，要把那些批评和反对自己的人视为老师，把逢迎和巴结自己的人看作贼人。

那么，《诫皇属》今天带给我们怎样的启示呢？

第一，作为领导干部，要严格约束自己，反对奢侈浪费、贪图享受，自觉抵制享乐主义和奢靡之风，"外绝游览之乐，内却声色之娱"。享乐主义与奢靡之风是一体两面的问题，经常会互相催化和转变。在当今社会，经济与物质的快速发展，使一部分领导干部在面对物质利益诱惑的时候，放松了对自己的严格约束，开始追求奢靡享受。享乐主义发展外化后，就表现为香车宝马、金玉华衣、珍馐美酒、豪宅别墅等奢靡享乐之风。在一些沉醉于享乐主义与奢靡之风的领导干部眼中，如果宴席的档次不够，会议没在五星级酒店，出行没有鞍前马后、前呼后拥，那就是对领导干部的不重视和不尊重。本来还正直的一些领导干部，也只好在潜规则面前低下头来、败下阵来。如此这般不良风气，发展成为官场惯例，就会严重破坏领导干部的为政之德，触犯党和国家的各项法律法规制度。

严格约束自己，反对奢侈浪费、贪图享受，毛泽东和朱德为我们做出了表率。1947年，毛泽东54岁生日。从各地来到陕西米脂杨家沟的中央委员和高级干部都想趁这个机会为主席庆贺一番，一则是给毛泽东祝寿，再则让其好好改善一下生活。毛泽东身边的工作人员特别拥护这条建议。但毛泽东却谢绝了，他掰着手指头给大家讲了三条理由："一是战争时期，许多同志为革命的胜利流血牺牲，应该纪念的是他们，为一个人'祝寿'太不合情理。二是部队和机关的同志没有粮食吃，搞庆祝活动，会造成浪费，脱离群众。三是才50多岁，大有活头，更用不着'祝寿'。"除了这三条理由，毛泽东又加上了"三条规矩"，即："一不许请客吃饭；二不许唱戏，如果要演，就演给老乡们看；三不许开会。"毛泽东还曾立下过这样一条规矩，就是一生要做到"三不谈"，即"不谈金钱；不谈男女关系；不谈家庭琐事"，并要求身边的人也要遵守。

再看看朱德。革命战争年代，朱德长期担任革命军队的总司令，却始终保持艰苦朴素的"三节俭"，即"生活节俭，从不特殊；穿衣节俭，一套军装可穿数年；要求身边工作人员及家人节俭，不得搞任何特殊"。人们都称朱德为军中的节俭表率。

抗日战争时期，有一次西安八路军办事处的同志听说朱德来西安，派了好几个同志去车站帮他搬行李，朱德笑着说："不用了，你们看，都在这里。"只见他的警卫员手里拿着一床军毯，肩上挂着一个包袱，再没有别的东西了。晚上，朱德住在西安七贤庄八路军办事处，同志们看见那个小包袱里只有一套军衣和两套内衣，还有一双新布鞋。

第二，作为领导干部，要心里始终装着百姓，杜绝官气十足、高高在上的做派，"勿鄙人短，勿恃己长"；与人民群众心连心、同呼吸、共命运，"每亲监庶政，岂敢惮于焦劳"；竭尽全力为群众做好事、办实事、解难事，"听断之间，勿先恣其喜怒"。

有一句民间谚语叫"当官不为民做主，不如回家卖红薯"。这句话很简单，但又很实际，表达了人民群众对领导干部的真实期望和要求。官员的具体行为准则，都应该围绕"为民做主"这个中心展开，为官一任，造福一方，一切都是为了人民，一切都要依靠人民，而不能只考虑自己的私心和利益。在新时代，党的群众路线仍然没有改变，也始终不会改变，那就是要从群众出发，从群众中来，到群众中去；要清楚，我是谁，依靠谁，为了谁，这个根本问题。

知屋漏者在宇下，知政失者在草野。知道房屋漏雨的人在房屋下，知道政治有过失的人在民间。群众都会喜欢好领导、好干部、好官员，换句话说，只有心里真正装着群众，全心全意为人民服务的领导干部才是真正的好领导干部。心里真正装着群众，就一定要深入到老百姓当中去，放下身段和架子，像对待亲人一样去对待老百姓，用心去聆听和了解老百姓内心的真实需求和愿望，政之所兴在顺民心；政之所废在逆民心；说一千，道一万，不如做给老百姓看；金杯银杯，不如老百姓的口碑；天地间有杆秤，那秤砣就是老百姓。

第三，作为领导干部，心胸一定要广阔，要有宽宏雅量，善于聆听和改正错误，能够包容和接受他人的批评和劝谏，更要理解和倾听他人的责备及牢骚。只有发自心底地欢迎群众的监督批评，才能更好地为人民群众服务、为民做主，真心诚意欢迎群众监督，勇于接受批评，并能做到及时改正错误。

"逆吾者是吾师，顺吾者是吾贼"，唐太宗李世民这句话出自战国时期的思想家荀子，荀子说："非我而当者，吾师也；是我而当者，吾友也；谄谀我者，吾贼也。"《增广贤文》中也说："道吾恶者是吾师，道吾善者是吾友。"领导干部要知道批评你的人才是良师益友，才是真正为你好的人，而那些对你唯唯诺诺，曲意逢迎的人才是你的恶人、贼人，才是值得提防和小心的人。领导干部要睁开慧眼，明察秋毫，认清事物的本质，千万不要对别人的批评置若罔闻，不但当作耳边风，还肆意进行打击报复，更不能给对你提出批评意见的人穿小鞋。"兼听则明，偏信则暗"，领导干部只有能听取别人的意见，虚心接受，并能够真心改正，才能日渐日进，事业有成。如果领导干部不听别人提的意见，既堵塞了别人提意见、指问题的门道，让自己的问题不断加深加重，还让关心关爱你的人寒心，更会让居心叵测者钻了空子。

唐太宗李世民在位时以文治天下，虚心纳谏。以"犯颜直谏"著称的大臣魏征，常常与唐太宗面谏廷争，有时言辞激烈，引起唐太宗的盛怒，他也毫不退让，往往使唐太宗感到难堪，下不了台。有一天，唐太宗得到一种非常凶猛的鸟——鹞鹰，他让鹞鹰在自己的手臂上跳来跳去，玩得正高兴时，魏征走了进来。唐太宗怕魏征提意见，回避已经来不及了，就赶紧把鹞鹰藏到了怀里。这一幕早就被魏征看到了，当魏征给唐太宗禀报公事时，故意喋喋不休，拖延时间。唐太宗不敢拿出鹞鹰，等魏征离开后，唐太宗从怀里拿出鹞鹰，结果鹞鹰被活活憋死了。还有一次，魏征在上朝的时候，跟唐太宗争得面红耳赤。唐太宗实在听不下去，想要发作，又怕在大臣面前丢了自己虚心纳谏的好名声，只好勉强忍住。退朝以后，唐太宗憋了一肚子气回到内宫，见了他的妻子长孙皇后，气冲冲地说："总有一天，我要杀死这个乡巴佬！"长孙皇后很少见唐太宗发那么大的火，问他说："不知道陛下想杀哪一个？"唐太宗说："还不是那个魏征！他总是当着大家的面侮辱我，叫我实在忍受不了！"长孙皇后听了，一声不吭，回到自己的内室，换了一套朝见的礼服，向唐太宗下拜。唐太宗惊奇地问道："你这是干什么？"长孙皇后说："我听说英明的天子才有正直的大臣，现在魏征这样正直，正说明陛下的英明，我怎么能不向陛下祝贺呢！"唐太宗认识到，魏征极力进谏，是为了使自己避免犯错。因而先后接受了魏征200多次规劝，还把他比作可以更正自己过失的一面镜子。魏征病死时，唐太宗很是哀痛，痛哭说："以铜为镜，可以正衣冠；以古为镜，可以知兴替；以人为镜，可以明得失。……今魏征殂逝，遂亡一镜矣！"

良药苦口利于病，忠言逆耳利于人。良药吃起来虽苦，但能够用来治病，忠言有批评的成分，听起来虽逆耳，但对一个人的思想、工作、学习、成长等很有益处。领导干部要能听进别人的批评意见，要体谅他们的良苦用心。要把批评当作是纠正自己思想和行动的良药。过，则勿惮改；过而能改，善莫大焉；过而不改，是谓过矣！领导干部知错就要积极地改过，如果知道问题症结在哪里了仍然不改，就是真正的、更大的过错！所以，领导干部面对别人的批评意见要做到洗耳恭听，虚心接受，并做到力行改过。

第四，作为领导干部，要管好自己的家属子女和身边的工作人员，坚决反对特权现象，自觉摆正党性与亲情、家风与党风的关系，带头树立健康的家风家规。关心爱护自己的家属子女是人之常情，但要爱得恰当，寓爱于严，"帝子亲王，先须克己。每著一衣，则悯蚕妇；每餐一食，则念耕夫"。

近水楼台先得月。对领导干部而言，一定要杜绝身边的亲属朋友、工作人员利用关系来获得违法违规的权力和利益，甚至连这个想法都要及时严厉地制止，防微杜渐，不能任由这种依靠关系的做法随意发展。有人说这是"靠山吃山、就地取材"，实际上这个想法和做法是后患无穷，危害极大。这些"山"和"材"都是人民群众的利益，都是国家的利益，由不得个人来贪污和私占。所以一定要及时提醒和严厉制止这种违法乱纪的行为，防早防小，防止堕入深渊。

俗话说"宰相门前三品官"，意思是在领导干部周围的家属亲戚和工作人员，虽然没有实权，但是因为在领导干部身边很亲近，所以容易获得一些间接的权力或者利益。如果对这种情况没有强制的约束和严格的制止，对家人缺少教育和管束，那么很有可能使自己和周围的人走上一条不归路，甚至是妻子儿女把自己推进了监狱里，亲戚朋友让自己站在了被告席上，类似情况已经屡见不鲜了。对于这些问题，唐太宗李世民在他的《诫皇属》也都有预警和告诫，对领导干部来讲也是一味良药。

综上所述，唐太宗李世民的《诫皇属》，成为帝王家训的代表作之一，是当之无愧的，值得各级领导干部好好品读。

第十讲
《训俭示康》：俭能立名，侈必自败

宋朝名臣、史学家司马光一生清廉节俭，正道直行，严于律己，及于家人，曾作《训俭示康》告诫其子司马康，要以俭为美，清正自守，不可追求奢靡生活。父爱如山，深沉厚重，其言谆谆，其情切切。我们先来了解一下司马光。

> 司马光（1019—1086年），字君实，号迂叟，陕州夏县涑水乡（今山西省夏县）人，出生于光州光山（今河南省光山县）。世称涑水先生。北宋史学家、文学家，历仕仁宗、英宗、神宗、哲宗四朝，主持编纂了中国历史上第一部编年体通史《资治通鉴》。为人温良谦恭、刚正不阿，其人格堪称儒学教化下的典范，历来受人景仰。生平著作甚多，主要有史学巨著《资治通鉴》《温国文正司马公文集》《稽古录》《涑水记闻》《潜虚》等。

那么,《训俭示康》的具体内容是什么？让我们走进这部家训。

吾本寒家，世以清白相承。吾性不喜华靡，自为乳儿，长者加以金银华美之服，辄羞赧弃去之。二十忝科名，闻喜宴独不戴花。同年曰："君赐不可违也。"乃簪一花。平生衣取蔽寒，食取充腹；亦不敢服垢弊以矫俗干名，但顺吾性而已。众人皆以奢靡为荣，吾心独以俭素为美。人皆嗤吾固陋，吾不以为病。应之曰："孔子称'与其不逊也宁固。'又曰'以约失之者鲜矣。'又曰'士志于道，而耻恶衣恶食者，未足与议也。'古人以俭为美德，今人乃以俭相诟病。嘻，异哉！"

近岁风俗尤为侈靡，走卒类士服，农夫蹑丝履。吾记天圣中，先公为群牧判官，客至未尝不置酒，或三行、五行，多不过七行。酒酤于市，果止于梨、栗、枣、柿之类；肴止于脯、醢、菜羹，器用瓷、漆。当时士大夫家皆然，人不相非也。会数而礼勤，物薄而情厚。近日士大夫家，酒非内法，果、肴非远方珍异，食非多品，器皿非满案，不敢会宾友，常量月营聚，然后敢发书。苟或不然，人争非之，以为鄙吝。故不随俗靡者，盖鲜矣。嗟乎！风俗颓弊如是，居位者虽不能禁，忍助之乎！

又闻昔李文靖公为相，治居第于封丘门内，厅事前仅容旋马，或言其太隘。公笑曰："居第当传子孙，此为宰相厅事诚隘，为太祝奉礼厅事已宽矣。"参政鲁公为谏官，真宗遣使急召之，得于酒家，既入，问其所来，以实对。上曰："卿为清望官，奈何饮于酒肆？"对曰："臣家贫，客至无器皿、肴、果，故就酒家觞之。"上以无隐，益重之。张文节为相，自奉养如为河阳掌书记时，所亲或规之曰："公今受俸不少，而自奉若此。公虽自信清约，外人颇有公孙布被之讥。公宜少从众。"公叹曰："吾今日之俸，虽举家锦衣玉食，何患不能？顾人之常情，由俭入奢易，由奢入俭难。吾今日之俸岂能常有？身岂能常存？一旦异于今日，家人习奢已久，不能顿俭，必致失所。岂若吾居位、去位、身存、身亡，常如一日乎？"呜呼！大贤之深谋远虑，岂庸人所及哉！

御孙曰："俭，德之共也；侈，恶之大也。"共，同也；言有德者皆由俭来也。夫俭则寡欲，君子寡欲，则不役于物，可以直道而行；小人寡欲，则能谨身节用，远罪丰家。故曰："俭，德之共也。"侈则多欲。君子多欲则贪慕富贵，枉道速祸；小人多欲则多求妄用，败家丧身；是以居官必贿，居乡必盗。故曰："侈，恶之大也。"

昔正考父饘粥以糊口，孟僖子知其后必有达人。季文子相三君，妾不衣帛，马不食粟，君子以为忠。管仲镂簋朱纮，山节藻棁，孔子鄙其小器。公叔文子享卫灵公，史䲡知其及祸；及戌，果以富得罪出亡。何曾日食万钱，至孙以骄溢倾家。石崇以奢靡夸人，卒以此死东市。近世寇莱公豪侈冠一时，然以功业大，人莫之非，子孙习其家风，今多穷困。其余以俭立名，以侈自败者多矣，不可遍数，聊举数人以训汝。汝非徒身当服行，当以训汝子孙，使知前辈之风俗云。

这部家训用现在的话来解释就是：我本来出生在门第低微、家境贫寒的人家，世世代代以清正廉洁的家风相互传承。我生性不喜欢生活豪华奢靡，自幼儿起，长辈把用金银做成的饰品和华贵艳丽的服装加在我身上，我总是感到内心害羞惭愧而远离这些物品。时年二十岁，我愧列进士的科名，在皇帝赐予新科进士的闻喜宴上，参加者要把花插在帽檐上，这是特殊的荣耀，唯独我满不在乎，没有戴花。同年中举的人说："皇帝的恩赐不能违抗。"于是，我才在帽檐上插上一枝花。我一辈子认为衣服取其足以御寒就行了，对于食物取其足以充饥就行了，但也不敢穿肮脏破烂的衣服而故意用不同流俗的姿态来猎取名誉，只不过是顺从我的本性做事罢了。一般的人都以奢侈浪费为荣，我内心唯独以节俭朴素为美。人们都讥笑我固执浅陋，我不认为这是缺点。我这样回答他们："孔子曾说：'与其骄纵不逊，宁可简陋寒酸。'又说：'因为节约而犯过失的是很少的。'又说：'有志于探求真理而以穿得不好、吃得不好为羞耻的读书人，是不值得跟他谈论的。'古人把节俭看作美德，当今的人却因节俭而相讥议、批评。哎，真是太奇怪了！"

近年来的风气习俗特别崇尚奢侈浪费，当差的大多穿士人的衣服，农民穿丝织品做的鞋。我记得天圣年间我的父亲担任主管国家马匹的群牧司判官，有客人来，就得备办一些酒食，有时行三杯酒，或五杯酒，最多不超过七杯酒。酒是从市场上买的，水果只限于梨子、枣子、板栗、柿子之类，菜肴只限于干肉、肉酱、菜汤，餐具用瓷器、漆器。当时士大夫家里都是这样，人们并不会有什么非议。聚会虽多，但只是礼节上殷勤，用来作招待的食物虽简单，但情谊深厚。近来士大夫家，酒假如不是按宫内酿酒的方法酿造的，水果、菜肴假如不是远方的珍品特产，食物假如不是多个品种、餐具假如不是摆满桌子，就不敢约会宾客好友，常常是经过了几个月的张罗、准备，然后才敢发出请柬，邀请客人。如果不这样做，人们就会争先非难、责怪他，认为他鄙陋吝啬。因此，不跟着习俗随风倒的人，大概就很少了。唉！风气习俗败坏成这样，有权势的人即使不能禁止，能忍心助长这种风气吗？

我还听说，从前本朝的文靖公李沆担任宰相时，在封丘门内修建住房，厅堂前仅仅能够让一匹马转过身。有人说地方太狭窄，李文靖公笑着说："住房要传给子孙，这里作为宰相办事的厅堂确实狭窄了些，但作为太祝祭祀和奉礼司仪的厅堂已经很宽了。"参政鲁公鲁宗道担任谏官时，真宗派人紧急召见他，是在酒馆里找到他的。入朝后，真宗问他从哪里来的，他据实回答。皇上说："你担任清要显贵的谏官，为什么要在酒馆里喝酒？"鲁公回答说："臣家里贫寒，客人来了没有餐具、菜肴、水果，所以就在酒馆请客人喝酒。"皇上因为鲁公没有隐瞒，于是更加敬重他。文节公张知白担任宰相时，自己生活享受如同从前当河阳节度判官时一样，亲近的人劝告他说："您现在领取的俸禄不少，可是自己生活享受像这样俭省，您虽然自己知道确实是清廉节约，但是外人对你有不少批评，说您如同公孙弘盖用麻布做的被子那样矫情作伪。您应该稍微随从一般人的习惯做法才是。"张文节公叹息说："我现在的俸禄，即使全家穿绸挂缎、膏粱鱼肉，也很容易做到，然而人之常情，由节俭进入奢侈很容易，由奢侈进入节俭就困难了。像我现在这么高的俸禄难道能够一直拥有吗？生命难道能够一直活着吗？如果有一天我罢官或死去，情况与现在不一样，家里的人习惯奢侈的时间已经很长了，不能立刻节俭，那时候一定会导致无存身之地。哪里比得上无论我做官还是罢官、活着还是死去，家里的生活情况都不会发生大的改变好呢？"大贤者的深谋远虑，哪里是才能平常的人所能比得上的呢？

春秋时鲁国的大夫御孙说："节俭，是美德的集中体现；奢侈，是最大的恶行。"共，就是同，是说有德行的人都是从节俭做起的。因为，如果节俭就少贪欲，有地位的人如果少贪欲就不被外物役使，可以走正直的路；没有地位的人如果少贪欲就能约束自己，节约费用，避免犯罪，使家室富裕，所以说："节俭，是各种好的品德共有的特点。"如果奢侈就多贪欲，有地位的人如果多贪欲就会贪恋爱慕富贵，不循正道而行，招致祸患；没有地位的人多贪欲就会多方营求，随意挥霍，败坏家庭，丧失生命，因此，做官的人如果奢侈必然贪污受贿，平民百姓如果奢侈必然盗窃别人的钱财。所以说："奢侈，是最大的恶行。"

春秋时宋国的大夫正考父用稀饭来维持生活，鲁国的司空孟僖子因此推知他的后代必出达官显贵的人。春秋时鲁国的正卿季文子辅佐鲁文公、宣公、襄公三位君王时，他的小妾不穿绸缎衣服，马不喂食谷子小米，当时有名望的人认为他忠于公室。春秋时齐国的国相管仲使用的器具上都精雕细刻着多种花纹，戴的帽子上缀着红红的帽带，住的房屋里，连斗拱上都刻绘着山岳图形，连梁上短柱都用精美的图案装饰着。孔子看不起他，认为他不是一个大才。春秋时卫国的大夫公叔文子在家中宴请卫灵公，卫国大臣史䲡推知他必然会遭到祸患，到了他儿子公叔戌（xū）时，果然因家中豪富而获罪，以致逃亡在外。西晋时的开国元勋何曾一天饮食要花去一万铜钱，到了他的孙子这一代就因为骄横豪奢而丧失全部家产。西晋时的大臣石崇以奢侈靡费的生活向人夸耀,最终因此而死于刑场。近代莱国公寇准豪华奢侈堪称第一,但因他的功劳业绩大,人们没有批评他,子孙习染他的这种家风,现在大多穷困了。其他因为节俭而树立名声,因为奢侈而自取灭亡的人还有很多,不能一一列举,上面姑且举出几个人来教导你。你不仅仅自身应当实行节俭,还应当用它来教导你的子孙,使他们了解前辈的作风习俗。

  这便是《训俭示康》的主要内容。司马光为什么要写《训俭示康》呢?

  司马光生活的年代,社会风俗习惯日益变得奢侈腐化,人们竞相讲排场、比阔气,奢侈之风盛行。为使子孙后代避免蒙受不良社会风气的影响和侵蚀,司马光特意为儿子司马康撰写了《训俭示康》,以教育儿子及后代继承发扬俭朴的家风,永不奢侈腐化。

  《训俭示康》先写司马光自己年轻时不喜华靡,注重节俭,现身说法,言真意切。接着写近世风俗趋向奢侈靡费,讲究排场,与宋初大不相同,列举了李文靖、鲁宗道、张文节三人的节俭言行加以赞扬,指出大贤的节俭有其深谋远虑,而非侈靡的庸人所能及。进而引用春秋时御孙的话,"俭,德之共也;侈,恶之大也"。从理论上说明"俭"和"侈"所导致的必然后果,使文章更深入一层。最后连举六名古人和本朝人的事例,又以正反两面事实为据进行对比,说明了一个深刻的道理:俭能立名,侈必自败。末尾以"训词"作为结束,点明题旨。全文说理透辟,有理有据,旨深意远,反复运用对比,增强了文章的说服力。

司马光的《训俭示康》带给我们怎样的启示呢？

第一，俭，德之共也；侈，恶之大也。在司马光看来，节俭不仅是一种生活态度，更是一种美德，奢侈也不只是一种陋习，更是一项罪恶。节俭是一切美德中最大的德，奢侈是一切恶行中最大的恶。在文中，司马光精心选取了六位古人及一名当朝者的成败荣辱事例，耐心细致加以点评，作为史学大家，他善以人为镜，以史为鉴，用深邃的历史目光观照现实，指出尚俭崇廉，是事业、人生的福祉，而奢侈纵欲，则是败家、丧身的祸端。振聋发聩，令人深省。

俭之为德，由来已久。上古尧舜之时，就对节俭的作用给予高度肯定。相传虞舜曾称赞夏禹："克勤于邦，克俭于家。"大禹为治水"三过家门而不入"，吃粗米饭，喝野菜汤，穿粗布衣，住茅草屋，为后人所称道。

春秋战国时期，在生活观念上几乎一致"尚俭"。老子说："我有三宝。持而保之：一曰慈，二曰俭，三曰不敢为天下先。"他认为，节俭自持，是富裕安康的前提条件之一。孔子也主张温良恭俭让，把俭看做是人的五种美德之一，强调以节俭为本，"礼，与其奢也，宁俭"。墨家更是进一步提出了为人为政都要节用的思想："圣人之所俭节也，小人之所淫佚也。俭节则昌，淫佚则亡。"还提出了适度消费的理念，倡导在衣食住行中加以贯彻。

秦汉以后，人们普遍接受儒、墨两家的观点，二十四史中对于能够节俭的人物大加称赞，随处可见。《后汉书·吴祐传》称"祐以光禄四行迁胶东侯相"。所谓"四行"，是指"敦厚、质朴、逊让、节俭"。由此可见，节俭为"四行"之一。

优秀的品质总是如影随形。节俭往往会催生廉洁，而廉洁亦会提高威望。为官者把俭朴和廉洁的关系理清楚了，节欲戒奢，戒奢从俭，以俭养廉，也就掌握了"修身、齐家、治国、平天下"的法宝。因此古时官吏的升迁考核，常将能否"节俭"作为一项基本内容。

第二，由俭入奢易，由奢入俭难。司马光在《训俭示康》中告诫后人，由节俭转入奢侈是容易的，由奢侈转入节俭就很难了。奢侈一旦成为习惯，要想纠正绝非易事，必须付出巨大的努力。习惯了好的日子，就再也不愿适应艰苦的岁月。

我们对欲望既不能禁止，也不能放纵，对过度的乃至贪得无厌的奢求，必须加以节制。如果对自己的欲望不加限制，过度地放纵奢侈，没能培养俭朴的生活习惯，必然会使自古"富不过三代"的说法成为必然，就必然会出现"君子多欲，则贪慕富贵，枉道速祸；小人多欲，则多求妄用，败家丧身。是以居官必贿，居乡必盗"的情况。

第三，成由勤俭，败由奢。国之兴莫不由于勤俭，国之亡莫不由于奢靡。勤俭使国家兴盛，奢侈使国家衰亡。春秋时期，戎王派使者由余去见秦穆公。秦穆公听说由余是个贤士，就向他请教："我常常听人谈论圣人治国之道，但没亲眼见过。请问先生，古代君主使国家兴盛和灭亡的原因是什么？"由余回答道："臣尝闻之矣，常以俭得之，以奢失之。"意思是说：我曾经听说勤俭使国家兴盛，奢侈使国家衰亡。

秦穆公听了，不高兴地说："我虚心向你请教兴盛之道，你怎么用'勤俭'二字来搪塞我呢？"由余说道："我听说，过去尧虽身为天下之主，却用瓦罐子吃饭、饮水，天下部落没有不服从他的。尧禅位于舜，舜开始讲究起来，用精雕细刻的木碗用餐，结果诸侯认为他太奢侈了，国内有13个部落不服从他的号令。舜禅位于禹，禹则更加讲究了，制作了各式各样精美的器皿供自己享用，奢侈得更加厉害了。结果国内有33个部落不听从他的号令。以后的君主越来越奢侈，而不服从号令的部落也越来越多。所以我才说勤俭是兴盛之道，奢侈是败亡之源。"这一番话说得秦穆公连连点头称是。

此后，唐代诗人李商隐根据这个故事，写了一首《咏史》。诗的前两句是："历览前贤国与家，成由勤俭破由奢。"后来，"成由勤俭破由奢"演变为"成由勤俭败由奢"，并作为谚语流传下来，以此告诉人们，勤劳俭朴有助于事业的成功，贪图享受则会带来严重的恶果。

历史上无数事实证明，艰苦奋斗必得善果，骄奢淫逸必遭祸端。秦穆公因信奉"以俭得之，以奢失之"的思想，勤俭治国，为后来的统一打下了坚实基础；汉文帝崇尚节俭，力戒奢侈，遂有"文景之治"；隋文帝力除侈靡之风，"务从节俭，不得劳人"，使隋朝迅速强大；穷奢极欲导致身死国灭的教训亦是屡见不鲜。夏桀、商纣亡于奢靡无度，荒淫暴虐；秦始皇兴建阿房宫豪华盖世，终为楚人一炬；隋炀帝沉迷于灯红酒绿，不理朝政，下场是身首异地；唐明皇沉醉于享受美色，以致安史之乱，使唐朝盛世一去不返。

司马光对物质生活的态度令人感叹，他身居高位，却清正自守、克己奉公，人的物质观往往就是他的价值观，最能反映其人格境界和做事方向。司马光所处的时期，经济繁荣、天下承平，士大夫们沉迷享乐，竞相以奢华为荣，而司马光独能保持头脑冷静，居安思危，此家训既是诫子，亦是表白自己不与世人同流合污的清慎品格。据《宋史·司马康传》记载，司马康成年后，为人审慎俭素，为官清廉方正，"途之人见其容止，虽不识，皆知为司马氏子也"。可见，司马光言传身教，身体力行，后辈耳濡目染，潜移默化，皆有其节俭清廉之风。人皆爱其子，但相较于司马光的以俭为美，清白传家，有些人的教子观何其短视，只知为后辈积聚物质财富，却不知为其精神添加滋养。当下不少"官二代""富二代"鄙言陋行令人侧目，如此，即使有再多的财富，又岂能恒长久远？

党的十八大以来，对于形成"厉行节约、反对浪费"的社会风尚，习近平总书记一直高度重视。早在2013年初，就作出重要批示，强调"浪费之风务必狠刹"[1]，并强调坚决杜绝公款浪费现象。在十八届中央纪委二次全会上，习近平总书记发表重要讲话强调，"要大力弘扬中华民族勤俭节约的优秀传统，大力宣传节约光荣、浪费可耻的思想观念，努力使厉行节约、反对浪费在全社会蔚然成风"[2]。此后，习近平总书记又多次作出重要指示，大力提倡厉行节约、反对浪费。

在我国，餐饮浪费现象触目惊心、令人痛心，坚决制止餐饮浪费行为，切实培养节约习惯，在全社会营造"浪费可耻、节约为荣"的氛围。由此，"光盘行动"应运而生，其宗旨为餐厅不多点、食堂不多打、厨房不多做。养成生活中珍惜粮食、

---

[1] 中共中央文献研究室编：《厉行节约反对浪费——重要论述摘编》，中央文献出版社2013年版，第54页。

[2] 中共中央文献研究室编：《厉行节约反对浪费——重要论述摘编》，中央文献出版社2013年版，第56页。

厉行节约反对浪费的习惯，而不要只是一场行动。不只是在餐厅吃饭打包，还要按需点菜，在食堂按需打饭，在家按需做饭。正在发起的"光盘行动"，提醒与告诫人们：饥饿距离我们并不遥远，即便时至今日，珍惜粮食，节约粮食仍是全社会需要遵守的传统美德之一。

司马光的《训俭示康》虽为家训，然其蕴含的深刻道理，当超越一家一族之界限，成为天下人润养官德、砥砺修身的警世恒言。做人当以俭为本、以俭为美、以俭为上；为官要正世风、政风、民风，当先正家风！

第十一讲
《谢氏家训》：家族文化绵延千载的秘诀

"旧时王谢堂前燕，飞入寻常百姓家"，从这句脍炙人口的诗句，我们能读到富贵荣华难以常保，曾经显赫的达官贵族，终会消逝在岁月的长河之中。诗中的"谢"指的便是中国历史上最显赫的家族之一——谢氏家族。魏晋南北朝时期士族如林，当时，唯有谢氏与王氏能够比肩并称。让我们先来了解一下谢氏家族。

> 谢氏家族出自姜姓，是炎帝后裔申伯的后代。殷商时期，其家族南迁，居于谢水，在公元前668年为楚所灭之后，改姓称"谢"。在世代的传承中，谢氏家族用优良的家风家训培养出了一代又一代的优秀儿女，成为人文荟萃、名家辈出的名门望族。诚如宋代大文豪苏轼为谢氏族谱作序时所说：谢氏"将相公侯，

> 文人学士，奕世蝉联，难更仆数。然而在国则彪炳汗青，在家谱则照耀谱乘"。

《谢氏家训》是后世子孙的生活准则和行为指南，也是家族历经千余年兴盛不衰的主要因素。《谢氏家训》以文言文写就，历经代代传承，辗转传世，为适应后人阅读习惯，有谢氏后人将文言体修正并改编为诗谣体以供后生修养之用。《谢氏家训》文言体如下。

一、孝父母

人无父母不生，生而教养成人，宜思无极；故为人子者，居常则左右就养，过则从容几谏，病则侍奉汤药，残则经营祭葬。在家则婉容愉色，奉命唯谨，出仕则移孝，作忠显亲扬名，方尽子职。若违逆执拗，惰行辱亲，听妻几言，结仇怨对，此不孝之罪，上触天威，下犯国法，宗族不容也。

二、友兄弟

兄弟为分开运气之人，无论同胞异乳，皆当亲爱，即支子、庶子皆属一体，必兄爱弟、弟敬兄，虽析居分家，无别你我，斯合友恭之道。所有因财产而引起阋墙，听教唆而祸延箕豆，同室操戈视如仇敌者续枌棣，脊令诸侍当感愧天地矣。

三、敬长上

长上不一，有在官在家之长上，不论名爵一端，凡年龄先我者皆是也，务宜种谓各正，隅坐随行，揖让谦恭罔敢戏娱。倘干名犯分，目无尊长，或以贤智先人，而凌前辈或以气血自恃；而污慢高年。或矜富贵，或夸门第，皆为狂悖之行，毋得姑纵。

四、和邻里

同乡共井，相见比邻，虽不若家庭骨肉之亲，然亦当和睦相倘，故必出入相友，守望相助，疾病相扶持。有无相济，若势利相投，贫富相欺，强弱相凌，大小相拼，或因微资，起争争讼，或因小忿成仇杀，此为恶习，当之！戒之！

五、安本业

士农工商，皆为人生职业，可以承先，可以裕后，故凡兄弟之于子弟，必因才质相近者教之，俾人各有其职，庶不致为无业游民，其有绰白囹奸，游荡不立，其父兄尤当敞戒，否则穷老失妇嗟呵及矣！

六、明学术

学校林立，然学无异，而所以学者异焉，以义理言之，中学纯而西学杂，以功用论之，西学实而中学虚，不有西学，何以与列邦相驰逐，不有中学，何以去存国粹，偏于中者愚，偏于西者躁，惟以中学为体；西学为用，有兼营而无缺点。轻家鸡、爱野鹜之俏，何自来哉！如此，则按时而学术克广，斯人材成焉。

七、尚勤俭

业精于勤，而荒于嬉。古之箴言。勤耕苦读，致富成名。戒骄戒躁，和气待人，庶乎近矣。自古以来，杰富名流，儒家创作，无不勤躁苦练，而后成功立业。即使庶民百姓，士农工商，首在于勤，四时种垦，鸡鸣凤兴；劳心苦力，戴月披星，五谷杂熟，家户充盈，私债了楚，国课宜清，亲朋往来，鸡黍相迎。

八、明趋向

制度可改，风俗可移，爱亲敬长，实为天经地义，亘万古不可移，今之自由云者，自由于法律范围之内，非谓非议可谓，非礼可动也，今之平等云者，非为少可凌长也，卑可犯尊也。人无论智愚，凡分所当为，与理所当为之事，黾勉为之，惟治游赌博，逞凶斗狠、纵酒嗜烟、足以败名丧节，杀身之家，于有此辈，父兄急加惩戒，毋俾不顾廉耻，流为枭獍，殆害族姓，至于渎伦伤化鼠窃狗偷，上辱宗祖，下玷家声，亦法律之所不容。

九、慎婚嫁

夫妇为伦之始，治化之源。故儿女婚嫁，必须慎重，所谓嫁女择佳婿，毋索重聘，娶媳求淑女，勿计厚奁。虽然时代变更，趋向婚姻自由，为家长者，仍宜侧面辅导，切勿罔闻，勿使走入迷途。

十、勤祭扫

坟茔为先世体魄所藏，必时期祭扫，故清祭墓，无论年之老幼，路之远近，总须躬诣墓所，各致其诚，庶几神歆。

十一、慎交友

交友以信，夫子之教，无如今人外结口头，内生荆棘。甚至凶终陈末，原其始交之际，未经审慎故也，殊不知、友以义合，必交品概端方之人，才得劝善规过，肝胆相照，缓急有益，若口是心非，则误人不浅，交际往来，一入坏人圈套，为所引诱，则败名丧节，倾家荡产，慎之！戒之！

十二、重忍耐

夫子曰：一朝之忿，忘亲及身诚由于不忍也，诚观举世，多少暴烈之徒，不忍不耐，浅则祸及一身，深则倾家荡产，害及儿孙，昔张公艺九世同居，江州陈氏八百口共食、皆由于能忍。夫万事当前，忍则大可化小，小可化无，不至逞凶构讼，亦不至事后追悔。吾愿族房子孙，若非切己大仇，凡日常小事，忍耐为上。泛应酬酢之间，不已天空地阔哉！

十三、戒溺爱

大抵子弟之率不谨，皆由父兄之教不先，吾族家训，千言万语，俱系责成子弟迁善改过，不如子弟之造就，责在父兄。无论贫富，父兄当知诫子勉弟，示以周行。倘有过犯，家法、国法俱可惩治，若姑息养奸，贻累难免矣。

立身、处世、为学，谢氏先祖对子孙的谆谆教诲尽在《谢氏家训》的一字一句中。谢氏家族人才济济，其中不仅有谢灵运、谢道韫、谢惠连等杰出的文学家，更有谢石、谢玄、谢琰等优秀的军事人才。时至今日，我们仍可从《谢氏家训》中得到诸多启示。

第一，为人应孝悌尊亲、和睦邻里。百善孝为先，谢氏家族崇尚以孝悌之精神治家，《谢氏家训》的第一条即为"孝父母"，诗谣体亦以"父母生养子女身，恩比山高比海深。为人子兮侍左右，宜思养教方成人"。这样言简意深、朗朗上口的语句，将孝道放在了治家之道的首要位置。谢氏宗族中有很多舍身奉亲、悌于宗族的事例。谢灵运曾孙谢几卿8岁因父亲获罪，需要和父亲分离，谢几卿不忍心辞别欲跳河自尽，后来被族人救了起来，十几岁才能开口说话，父亲去世，他哀伤超过礼仪；谢蔺5岁的时候，每次父母还没有吃饭，乳母要谢蔺先吃饭，谢蔺说不饿，强迫喂食亦不吃，父亲去世守孝，昼夜痛哭，骨瘦如柴，母亲阮氏不得不劝告他节哀。

《谢氏家训》倡导兄友弟恭，相互帮衬；同时强调对于比自己年长的长辈要尊敬有礼，不可目无尊长，矜富贵，夸门第；邻里之间亦要出入相友，守望相助，不做势利相投、恃强凌弱之举。这些日常生活中的行为规范，无论何时何地，只要身体力行，便是对和谐社会的一份助益。

第二，重视子女教育，明确为人、为学的目标与方向。北宋大儒程颐说过："人生之乐，无如读书；至要，无如教子。"古人把教育子女作为重中之重，养子不教，不仅危害自身与家族，更危害社会。《谢氏家训》的第六条为"明学术"，其中指出：世上学校林立，学校差距不大，但是所学习的内容却有差异。如能"中学为体西为用""按时而学术克广"，那么这个人就可以成材了。

被称为"江左风流宰相"的谢安，在40岁以前，无意从政，经常与王羲之等人流连于山水之间。但他在教育子女方面，却倾注了大量精力和心血。谢安十分注重培养子弟们对家族的责任意识，这与《谢氏家训》的第八条"明趋向"相应，其中指出"人无论智愚，凡分所当为，与理所当为之事，黾勉为之"，人无论是聪明还是愚笨，都应明了自己的职责和目标所在，理所当为的事情，都应勉励为之。子弟们只有树立了责任意识，才能对家族、对社会有所贡献。

一次，谢安问孩子们："你们认为怎样为人处世才是最好的呢？"侄子谢玄说："我想，将来应像芝兰玉树一样，生于庭堂之前，亭亭玉立，风采无比。"谢安听后，高兴地说："你说得好。圣贤与一般人之间，并没有什么不可逾越的界限。孟子说过，'人皆可以为尧舜'，希望你们努力。"这些话使子侄们受到很大鼓舞。

另外，谢安注重培养子弟们扎实的文化素养。一个下雪之日，谢安把子侄们召集起来，为他们讲解怎样写文章，讲了一会儿，雪突然大了起来。谢安想试一下孩子们的文思，启发他们学会比兴的方法，便说："你们看，白雪纷纷何所似？"谢安的二哥谢据的长子，名叫谢朗，性格活泼，心直口快，吟道："撒盐空中差可拟。"谢安手捻胡须，笑而不答。这时谢安大哥谢奕的女儿谢道韫，笑着说："叔叔，我看'未若柳絮因风起'。"谢安一听连声说好。谢道韫后来被誉为"东晋第一才女"。

《谢氏家训》中的"戒溺爱""尚勤俭""慎交友""重忍耐""勤祭扫"等都应是教育子女过程中应当注意的一些要点。在当今社会，许多人将教育窄化为"学校教育"，忽视了家庭教育，更较少对子女进行言传身教。谢氏家族之所以能在六朝时期成为享誉当时的名门望族，后代之中能人辈出，与《谢氏家训》对子孙的教诲有着莫大的关系。谢姓多才俊与家训、家教、家风有很大关系，"子弟之贤否，六分本于天生，四分由于家教"。良好的家风、家教对孩子的道德水平、操守品行有着无可替代的作用。纵观古今，我们应挖掘家训中的精华精髓，古为今用，让更多国人领会其中的智慧。

第十二讲
《郑氏家范》：天下家法第一文典

什么样的家庭法典堪称天下家法第一文典？这部中国古代罕见的相当完备的家庭法典出自被明太祖朱元璋赐封为"江南第一家"的《郑氏家范》。我们先来了解一下郑氏家族。

> 郑氏家族从始居祖郑绮而起，以孝义治家，时称义门郑氏，故名"郑义门"。其族人自南宋至明代中叶便同居共食，历宋、元、明三代，长达360余年，最多时达到3000人。郑氏家族如此义居，屡受朝廷旌表。

《郑氏家范》依托于儒家伦理哲学，将儒家的"孝义"理念转换成操作性极强的宗族行为规范。其内容涉及家政管理、子孙教育、冠婚丧祭、生活学习、为人处世等方方面面。郑氏家族第五世郑文融在父辈治家实践基础上制定了《郑氏家规》的雏形——《家规58条》。此后，明代开国文臣宋濂为"郑义门"参酌审定了《郑氏家范》168条，构成了郑氏二十世同居的家庭法典。

是怎样的家规家训造就了"江南第一家"？让我们走进《郑氏家范》。

家政管理篇：治家有道

郑氏家族历经30多代而不衰，与其严谨的治家之道息息相关。《郑氏家范》在家长管理方面制定了诸多措施来保证族中各项事务的井然有序。《郑氏家范》的第一条，首先点出了祠堂在家族中的重要功能。"立祠堂一所，以奉先世神主，出入必告。"祠堂是用来供奉先祖神位的，郑氏家族有重大事务必到祠堂禀告祖先。每月初一、十五日，族人必须在祠堂举行参拜仪式，逢传统节日必须敬奉时鲜果品。春夏秋冬四时祭祀仪式都应遵照《文公家礼》。子孙进入祠堂时亦有规范：应当衣冠端正，犹如先祖亲自在上，不得嬉笑、谈话，走路要稳、慢，不得快步，早晨和黄昏进入祠堂时都应该极其恭敬地进退。

《郑氏家范》尊崇家长权威，"家长总治一家大小之务，其下有事，亦须咨禀而后行，不得私假，不得私与"。初一、十五二日，家长检查清点全家一切大小事务，对有不认真履行职责者要给予惩罚，各种账册过日不结算的，及过时不呈报的，亦量情轻重给予惩罚。家长应以大公无私为根本，不得以私情而有所偏向。如其有过失，全家随时可以规劝他。但规劝方式必须以孝敬为准则，不能伤害家庭和气。

《郑氏家范》不仅规定了起床、梳洗的时间，每天还应有一位未及16岁子弟朗诵男女训诫。子孙有赌博无赖等一切违于礼法之事，家长根据事情发生的程度，给以酌情处理。情况严重的，当众罚其跪拜使其羞愧难当；不悔改的，则当着家人的面用鞭子痛打；屡教不改者，则禀告官府将其逐出家门。然后在祠堂里当众从宗谱上削去他的名字。三年内若能改过自新的，再把他的名字写在宗谱里。

在对子孙行为进行严格规范的同时，"凡事令子弟分掌"。《郑氏家范》设立了辅助家长处理日常事务、负责监督家族事务、掌握财物进出之数、掌管饮食衣资的典事、监视、主记、羞服长等职务，设立标准为：刚正公明，能治家、能为众人作表率的人才。此外，还有负责通掌门户之事的子弟。所有子弟都应轮流跟随通掌门户者去州县增长阅历，熟悉人情世故，以避免遇事糊涂不懂得办事的时机而造成祸患。子弟年过70岁，应当自己保持安好，不宜轻易出门。

生活学习篇：严以修身

《郑氏家范》第102条规定：子孙必须奉父母以恭敬，待兄弟以和善，这样才有孝义之家的气象。子弟遇到兄长坐必起立，行走时大小有序，应对时要尊称对方，不要轻佻地用你我相称。

在日常生活中，郑氏子弟中的晚辈对于长辈都要以字号和辈分称呼，不许直呼姓名。小辈和年幼者不得顶撞长辈，包括年长一日者也是这样。如有出言不谦虚恭敬的，且行为违反道德准则的，就会受到教育和惩罚。子弟受到尊长或上辈的训斥和批评，不论是非与否，都应低头默受，不得分辩顶撞。

子孙固然应当竭力侍奉尊长，为尊长的也不可以自恃尊长身份而挟制子孙。身为家长，应当至诚对待家人，讲话不可随便，行动不可妄为，希望家长行事能够符合古人的以身作则之意。临事之际，不要在细节问题过于计较以显示精明，也不要糊涂待事，在决断时要大度，以量容人，平常爱护家庭如爱护自己的身体一样。

子孙教育篇：教子有方

"为人之道，舍教其何以先？"这是《郑氏家范》第90条所述。为了子孙能得到良好的教育，郑氏家族设立了一所家塾，以仁爱忠孝教育和勉励子弟，并且免收他们的学费。东明精舍（后称东明书院）创建于元初，为郑氏子孙读书之所，但也接纳各地的学子前来就学。郑氏家族注重聘请名师教导，学习内容以孝悌忠信为主，以期望掌握为人处世的道理。被誉为明朝"开国文臣之首"的宋濂曾到"郑义门"求学，后在东明精舍执教20余年，并为郑氏参订家规家仪。

"君子不可不学"，族中的子弟从何时开始学习，各个年龄段分别应如何学习，《郑氏家范》中有明确的规定。郑氏子弟满5岁者，每月初一、十五日参与祠堂听书讲学，到了忌日奉祭之时，也要前去学习礼仪；8岁时，可入学学习文字、音韵，12岁外出就学；16岁开始学习关于道德教化的学说；若年至21岁，还未能在学业上有所成就的，令其学习治家理财，学业一向有上进的不拘于此。

《郑氏家范》规定，子孙读书学习，以孝义为必须学习的重要内容，若一向偏重和滞留于辞章，是十分不可取的。族人对子弟的学习、品德、行为严加训饬和约束，以保证子弟品行端正和身心健康，适应齐家和治国平天下的需要。

为人处世篇：仁义廉洁

在处理好族内事务、做到修身齐家的同时，族中子弟也应关心他人，和睦乡邻。从家庭的角度约束族人为官清正，是郑氏家族的一大特色。《郑氏家范》中的第86—88条，就是针对出仕当官的人规定的。子孙出仕为官后，应该奉公守法，努力政事，不要涉足贪污受贿之事，以辱没家庭、触犯家法。任满离职，不要过于留恋官位，亦不应该自认为尊贵，对族人趾高气扬。即使外出为官亦必须遵守，违者以不孝论。出仕为官的子弟务必始终铭记如何报答国家，关怀体恤穷困的黎民百姓，对他们应该如慈母爱护自己的儿子一样。对鸣冤求助的百姓要有哀悯恻隐之心，务必访查真情，不要苛刻虐待，更不能妄取百姓的一丝一毫。子弟在任时若衣食不能自给，公堂则给予资金补贴；俸禄若除衣食费用之外还有节余的，节余部分必须交纳给公堂，决不可私与妻子女儿，让她们竞相置办华丽的服饰，而使其他人产生不平之心。

从宋代到清代，"郑义门"约有173人为官，尤其是明代，出仕者达47人，官位最高者位居礼部尚书。《郑氏家范》第88条规定："子孙出仕，有以赃墨闻者，生则于《谱图》上削去其名，死则不许入祠堂。如被诬指者则不拘此。"因此，郑氏子孙中，没有一人因贪墨而罢官者。

1299年至1355年，"郑义门"第七世祖郑铢，当朝脱脱丞相见而器之，奏为宣政院照磨管勾，统领浮屠氏事。元代的宣政院，职司宣扬一国政教，具体管理江南寺院。照磨一职，是管理档案的。郑铢虽然只是管理员，但由于他手上的档案都关系和尚们的身份、等级、津贴等切身利益，因此他到任后，各寺院的和尚纷纷向郑铢送来许多钱币，郑铢严词拒收，和尚还以为自己钱送得太少了，于是送钱的数目越来越大，却屡遭退回。和尚们经过打听，方知郑铢来自浦江"郑义门"，在宣政院推选廉政官吏的时候，全院齐推郑铢为真"廉吏"。郑铢遂被任命为持檄文行部两浙，他仍毫无所取。

1361年至1429年，"郑义门"第九世祖郑机，永乐年间，经吏部铨试，授文林郎湖广汉川知县，后转广东省仁化县任知县。他勤政爱民，平蛮寇，修水利，奖农耕，政绩显著，尤其在廉洁方面，他更是严格要求，从点滴做起，从不收受属下及百姓的礼物。在郑机50岁生日时，按照风俗习惯，应该祝贺一番。早饭间，夫人楼琼征求丈夫意见，郑机只吩咐买点鱼、肉、豆腐和黄酒，作为生日晚餐。晚餐时，郑机看见桌上摆满了名贵佳肴，大大超过了早上计划的标准，顿时拉下脸面，怒责夫人。面对丈夫的严厉责问，妻子只好吐露真情。原来，有位颇受郑机器重、名叫章玉的典吏得知当日是时任知县大人郑机的50岁生日，就想郑机平时节衣缩食，一身清廉，从不收受他人礼物，但在50岁生日之时，买几道好一点的菜，让他补补身子，作为部下也是道理之中的事。因此，他说服了知县夫人，自己花钱买来几道好菜，请夫人晚上一并烧来吃。听完原委，郑机怒气未消，说："俗话说'拿人家的手短，吃人家的嘴软'。这次既然已经烧好了，不能原物退还，那就退还等价钱两，分文不少。"次日，郑机叫来章玉认真地说："你的心意我领了，但你的行为将陷我于不义。"随后掏出九钱银子还给章玉。

此外，《郑氏家范》对身处困境的乡邻应给予何种资助，都做了明确的规定。对同族之人，郑氏子弟应当对他们尽心保护，不要让他们因贫病而失去存身之地。

冠婚丧祭篇：持正守礼

《郑氏规范》中有关冠婚丧祭方面的内容有20多条。

子弟年满16岁可以举行冠礼，但必须能背诵《大学》《中庸》《论语》《孟子》及《诗经》等，并能讲说其中的道理，否则至21岁再行冠礼。弟弟若先能背诵，则比哥哥先行冠礼，以此激励兄长。

在婚姻方面，《郑氏家范》规定："婚嫁必须择温良有家法者，不可慕富贵以亏择配之义。其豪强、逆乱、世有恶疾者，毋得与议。"不管选女婿还是儿媳，都必须性格温良，家风正派。娶亲最重要的目的是繁衍子孙，所以在举行婚礼时不得大办酒席、不得雇用乐班，违者给予责罚。

在祭祀方面，《郑氏家范》规定：除四时祭祀之外，不得随意违反规定祭祀求福。"凡遇忌辰，孝子当用素衣致祭。""是日不得饮酒、食肉、听乐，夜则出宿于外。""祭祀务在孝敬，以尽报本之诚。"如果有人在行礼之时不恭敬，随便离开席位，站立不正、打哈欠、伸懒腰、打嗝、打喷嚏、咳嗽，一切失容之事，由督过出面提出处罚，如督过不言，大家议罚。

举办丧事时，郑氏家族按照《文公家礼》的规定，不被迷信之说所蛊惑，举行丧事不得用鼓乐，服丧未结束，不得饮酒食肉。

此外，《郑氏家范》中还设置了诸多公益项目，如开设药市，对有疾病的邻居亲族诊断施药，鼓励有余资的子孙修桥铺路，主张仁义待人，富不忘贫、贵不凌贱，把乐于助人作为一种传统的家庭美德。

《郑氏家范》的当代启示

《郑氏家范》中治家、教子、修身、处世的家规族训以及极具特色的教化实践，是对中国古代家族制度的巩固发展，对中国封建社会后期的稳定和儒家伦理、文化的世俗化，都产生了深远的影响。郑氏家族孝义治家，耕读为本的家规家法，朱元璋极为看重，甚至在明代的法律中引入了不少《郑氏家范》的内容。

《郑氏家范》根据儒家伦理哲学提出一些公共生活原则，"和为贵""善施与""己所不欲，勿施于人"等在各项行为规范中得到了充分的体现。从严谨细致的《郑氏家范》中，我们可以得到诸多启示。

一是厚人伦，崇尚孝顺父母、兄弟恭让、勤劳俭朴的持家原则；二是美教化，通过开办义塾，聘请名师，在教育好族中子弟的同时回馈社会；三是讲廉洁，从家庭角度制约为官者

"奉公勤政,毋蹈贪黩"。

《郑氏家范》中的多数内容,与我们现在倡导的社会主义核心价值观相辅相成,时至今日,蕴含其中的传统美德与处世原则,依旧是我们砥砺前行的动力。正是生活中的细节,决定了一个人的行为方式和道德品格;正是流传数代的治家智慧,指引着一个家族不断前行。

第十三讲
《钱氏家训》：千年第一世家是如何炼成的

古语有云："道德传家，十代以上，耕读传家次之，诗书传家又次之，富贵传家，不过三代。"家族文化是中国文化的重要组成部分，为了家族的传承与延续，古人十分注重家风、门风，也因此将"齐家"作为了必修课。一个对内治家严谨，对外爱众亲仁的家族，往往会人才辈出，长盛不衰。钱氏家族便是如此，被公认为"千年名门望族，两浙第一世家"。让我们先来了解一下钱氏家族。

> 吴越钱氏家族是指吴越国开创者钱镠及其后裔，钱镠为五代时期吴越国的开国国王，对杭州和江浙一带的经济发展起到了奠基作用，其子孙代代有名人，如清代乾嘉学派的代表人物钱大昕，当代核物理学家钱三强，物理学家钱学森，力学家钱伟长，学者钱钟

> 书，历史学家钱穆，语言文学家钱玄同……自1100多年前的吴越王钱镠以来，钱氏历朝历代皆有俊杰，诸多状元，无数进士，仅宋朝，钱家就出了300多名进士。有人如此总结钱家所出人才之多："一诺奖、二外交家、三科学家、四国学大师、五全国政协副主席、十八两院院士。"

孟子曰："君子之泽，五世而斩。"一个品行高尚、能力出众的君子，辛辛苦苦成就了事业，留给后代的恩惠福禄，经过几代人就消耗殆尽了。钱氏家族能打破"五世而斩"，培育出了数量巨大的各行业的精英正是因为《钱氏家训》。《钱氏家训》是钱氏先祖钱镠留给子孙的精神遗产。1924年，钱镠三十二代孙、安徽广德人钱文选纂修《钱氏家乘》，根据先祖武肃王八训和遗训，总结归纳了钱氏家训。千百年来，钱氏族人始终以家训为行为准则，践行着"利在一身勿谋也，利在天下者必谋之"的训言。

接下来就让我们走进这部家训。

个人篇

心术不可得罪于天地，言行皆当无愧于圣贤。
曾子之三省勿忘，程子之四箴宜佩。
持躬不可不谨严，临财不可不廉介。
处事不可不决断，存心不可不宽厚。
尽前行者地步窄，向后看者眼界宽。

花繁柳密处拨得开，方见手段；风狂雨骤时立得定，才是脚跟。

能改过则天地不怒，能安分则鬼神无权。

读经传则根柢深，看史鉴则议论伟。

能文章则称述多，蓄道德则福报厚。

家庭篇

欲造优美之家庭，须立良好之规则。

内外六间整洁，尊卑次序谨严。

父母伯叔孝敬欢愉，妯娌弟兄和睦友爱。

祖宗虽远，祭祀宜诚；子孙虽愚，诗书须读。

娶媳求淑女，勿计妆奁；嫁女择佳婿，勿慕富贵。

家富提携宗族，置义塾与公田；岁饥赈济亲朋，筹仁浆与义粟。

勤俭为本，自必丰亨；忠厚传家，乃能长久。

社会篇

信交朋友，惠普乡邻。

恤寡矜孤，敬老怀幼。

救灾周急，排难解纷。

修桥路以利人行，造河船以济众渡。

兴启蒙之义塾，设积谷之社仓。

私见尽要铲除，公益概行提倡。

不见利而起谋，不见才而生嫉。

小人固当远，断不可显为仇敌；君子固当亲，亦不可曲为附和。

国家篇

执法如山，守身如玉。

爱民如子，去蠹如仇。

严以驭役，宽以恤民。

官肯著意一分，民受十分之惠；上能吃苦一点，民沾万点之恩。

利在一身勿谋也，利在天下者必谋之；利在一时固谋也，利在万世者更谋之。

大智兴邦，不过集众思；大愚误国，只为好自用。

聪明睿智，守之以愚；功被天下，守之以让；勇力振世，守之以怯；富有四海，守之以谦。

庙堂之上，以养正气为先；海宇之内，以养元气为本。

务本节用则国富，进贤使能则国强，兴学育才则国盛，交邻有道则国安。

《钱氏家训》流传千年，孕育了千年第一世家，短短635个字，从个人、家庭、社会、国家四个方面对子孙的修身、齐家、为人处世以及报效国家等方面做了规范，为后人的成长奠定了坚实的基础。

作为一族延续之重要支撑的《钱氏家训》，对当下的我们来说有哪些启示呢？

第一，做人做事要俯仰无愧于天地。《钱氏家训》个人篇首句即指出：心术不可得罪于天地，言行皆当无愧于圣贤。存心谋事不能违背规律和正义，言行举止都应不愧对圣贤教诲。做人要堂堂正正、坦坦荡荡，要宽厚本分、谦逊低调，其中特别指出子孙要读经传、看史鉴，点明了读书的重要性，同时以曾参和程颐的名言告诫子孙自省、自律的重要性。《钱氏家训》中对于道德的重视值得我们重视，临财要"廉介"，存心要"宽厚"，蓄养道德才能有大的福报。

提起钱学森的名字，可谓无人不知、无人不晓。他是享誉海内外的杰出科学家和中国航天事业的奠基人，中国"两弹一星"功勋奖章获得者之一。钱学森幼年所受的教育非常好，良好的教育不但使他的成绩优异，而且还使他养成了自省、自律的良好品德。

1923年9月，钱学森进入北京师范大学附属中学学习。1929年9月，他以优异的成绩考入了上海交通大学机械工程系。1933年，22岁的钱学森在国立交通大学机械系读三年级，当时教授水力学的是金悫教授。按照当时的学习计划，课堂上经常进行测试。6月23日那天，钱学森所在的班里进行了水力学考试。按照当时交通大学的教学习惯，考试之后，负责的老师要在试卷上用红笔打上"√"或者"×"，然后在下一堂课上课的时候发给学生，让学生校看，知道什么题答对了、什么题答错了，经过这个过程后，学生们再把试卷返还给老师，老师这才在试卷右上角的分数栏里用红笔写上分数。钱学森的成绩一贯优异，这次发下的试卷上又是全部打的"√"，如果没有别的问题，他这次就又要稳拿100分了。可是，钱学森没有放过任何细节，他重新检查了一下考卷，竟然发现了一处小错误：在一道公式推导的最后一步，他不小心把"Ns"写成了"N"。当时的交通大学十分重视考分，学期终了，平均成绩计算到小数点以后两位数字。而钱学森的各科成绩一向优秀，如果扣分，很可能影响他的成绩排名，甚至会对奖学金造成影响。其实，钱学森只要在字母"N"的后面悄悄添上一个小写的字母"s"就万事大吉了，就是重新交上去也不会有任何破绽，但是钱学森还是立即声明了自己的错误，主动要求金悫教授扣除自己相应的分数。金悫教授核查了之后，就给了他96分。

金悫教授名字里的"悫"字就是"诚实谨慎"的意思，他也一向重视这一品德。钱学森的这一行为让他很是赞赏，因此就特意保留了钱学森的这份试卷。抗日战争期间，上海交通大学内迁。在流离颠沛的日子里，金悫教授始终没有丢弃这份试卷，带着它辗转来到了大西南。47年之后，也就是1980年，钱学森回到母校看望师生，金悫教授拿出了这份珍贵的历史文献，了解此事的人无不对钱学森自省、自律的品质佩服有加。后来，金教授把这件"文物"捐给了上海交通大学档案馆永久收藏，而金教授讲述的故事在上海交通大学也传为佳话。这个小小的故事可以折射出钱学森的品质光辉——即使在无人知道的情况下，即使在可能危及自己前途的情况下，依然能够做到自律，这是多么不容易的事情。

第二，优良家风要言传身教、以身作则。幸福美好家庭的营造，必须建立适当妥善的规矩，这样才能形成良好的家风。一是家庭内外干净整洁，物品摆放井然有序，让孩子从小养成做事有条理的良好习惯；二是家庭成员要尊老爱幼、和睦友爱，让孩子继承孝老爱亲的优良传统；三是家长要做孩子读书学习的榜样，让子孙养成勤奋读书、刻苦学习的习惯；四是在儿女婚姻上，家长要引导孩子重人品、重才学，而不是看家庭财富，看社会关系；五是家长教育孩子要怜贫悯弱，懂得感恩，回报社会，力所能及地帮助贫苦弱小之人；六是把勤劳节俭当做根本，用忠实厚道传承家业，这样才能源远流长。

钱氏家族对教育的重视程度可以说是无以复加的。钱氏家族的很多族人不但重视对子女的教育，而且自身也投身于教育行业，为我国的教育事业做出了卓越的贡献。

钱基博是我国著名的古文学家、文史专家和教育家。他一生从事教育事业44年，先后在小学、中学、大学工作过，培养了无数的人才，被其弟子称颂为"精神博大，一代宗师无愧，似花工，终生灌园，五洲四海多桃李"。钱基博早年参加革命，1913年任无锡县立第一小学文史地教员。1920年后任吴江丽则女子中学国文教员、江苏省立第三师范学校国文与经学教员及教务长。1923年后历任上海圣约翰大学国文教授、北京清华大学国文教授、南京中央大学（1949年改名南京大学）中国语文学系教授、无锡国学专修学校校务主任、光华大学中国文学系主任及文学院院长等职，始终奋斗在教育的第一线。1937年，中国抗日战争爆发，钱基博又历任浙江大学中文系教授、湖南蓝田国立师范学院（今湖南师范大学）国文系主任、南岳抗日干部训练班教员。1946年抗战胜利后，任武汉华中大学（今华中师范大学）教授，直到1957年11月30日去世。钱基博的很多教育思想和教育理念都很先进。他提出的教育救国须先重视师范教育的思想、"师范生一支笔"的先进教育理念、对学生要正面教育的思想等，对后来教育理念的进步都有很大的指导和借鉴作用。

钱基博有三子一女，其长子钱钟书也长期从事教育工作。

1933年，钱钟书从清华大学外国语文系毕业后，就到上海光华大学任教。1938年，钱钟书留学回国后，就在清华大学任教授，次年转赴国立蓝田师范学院任英文系主任。1941年，珍珠港事件爆发之后，钱钟书被困上海，任教于震旦女子文理学校。1945年，抗战结束后，他又任上海暨南大学外文系教授。1949年，中华人民共和国成立，钱钟书回到清华大学任教。钱钟书的夫人杨绛女士于1935年至1938年期间留学英法，回国后也长期从事教育工作，曾在上海震旦女子文理学院、清华大学任教。钱钟书和杨绛有一个独生女叫钱瑗。1959年，钱瑗毕业于北京师范大学俄语系，精通英、俄两种语言，在北京师范大学长期执教，直到1997年病逝。钱基博、钱钟书、钱瑗一门三代都投身于教育事业，这种献身教育、为国育才的精神令人赞叹。而钱氏族人中从事教育行业的并不仅是他们一家，事实上，在教育行业上作出卓越贡献的钱氏族人不胜枚举。

物理学家、教育家钱伟长1946年至1948年任清华大学教授兼北京大学、燕京大学教授，1949年至1983年任清华大学教授、副教务长、教务长、副校长，1983年至2010年任上海工业大学（现上海大学）校长，上海市应用数学与力学研究所所长。钱伟长还担任过暨南大学、漳州大学、沙洲工学院的名誉校长，并被聘任南京理工大学、江苏大学、成都电子科技大学、西南交通大学、华侨大学等校的名誉教授。他的"拆墙理论"对教育理念的革新至今仍具有现实的指导意义。

中国现代历史学家、思想家、教育家、国学大师钱穆，抗战前，任燕京大学、北京大学、清华大学、北平师范大学教授，抗战时，随北大南渡，先后在西南联合大学、齐鲁大学、武汉大学、浙江大学、华西大学、四川大学主讲文史课程。抗战后，执教于昆明五华书院、云南大学、江南大学、广州私立华侨大学。1949年赴香港，创办新亚书院。1967年迁居台北，后任中国文化学院史学教授。钱穆一生以教育为业，五代弟子，冠盖云集，余英时、严耕望等人皆出自其门下。著名物理学家钱伟长是他的侄子，幼年时亦受其教，打下了深厚的国学功底。而钱穆先生的女儿钱易女士1957年考入清华大学攻读研究生，1959年10月毕业后留校任教至今，培养了无数优秀人才。

第三，社会交往要以和为贵、谦让诚信。早在1000多年前，《钱氏家训》就提出了作为社会的一分子所应有的担当。社会交往要讲究诚信；在邻里纠纷上，要做到谦让和与人方便；对待弱势群体时，要同情弱者，有能力及时伸出援手；对待社会问题，要敢于担当，弘扬正能量。君子爱财取之有道，不能看见利益就动心谋取，看到别人的才华高于自己，也不应心生嫉妒。在为人处世方面，《钱氏家训》特别提出：小人固然应该疏远，但一定不能公然成为仇敌；君子固然应该亲近，也不能失去原则一味追随。

第四，为官为政要守身如玉、干净担当。当拥有权力时，更应公平执政，严格执行国家的法律法规、政策制度。为官者要了解民意，体恤百姓疾苦，朝廷中，要把培养刚正气节作为首要；普天下，要把培养元气生机作为根本。钱氏先祖认为才智出众的人能使国家强盛，不过是汇集了大家的智慧，因而如此教导子孙：即便聪颖明智，也要以愚笨自处；即便功高盖世，也要以辞让自处；即便勇猛无双，也要以胆怯自处；即便富有天下，也要以谦恭自处。历代有志之士将之转化为"谋天下利，扬万世名",引以为座右铭,立志为天下谋福祉。"两弹一星功勋奖章"获得者钱学森就是很好的例子。1955年,钱学森放弃了美国优厚的待遇,冒着生命危险回到祖国。著名科学家钱伟长亦有句名言:"祖国的需要就是我的专业。"这不仅是他们个人的选择,也是钱氏家族良好家风的延续。此外,"兴学育才则国盛,交邻有道则国安"更加启发我们要重视科教,力行人才强国战略,并与世界各国睦邻友好,为国家发展营造良好的环境。

《钱氏家训》是一篇无价的宝典,它在钱家代代相传,成为人才辈出的不竭动力。这篇家训以儒家"修身、齐家、治国、平天下"的道德理想为据,对子孙立身处世、持家治业的思想行为做了全面的规范和教诲,它不只是钱氏后人的行为准则,更是留给中国人的宝贵精神遗产,是我们每一个人都应该认真学习的成长训言。

第十四讲
《弟子规》：蒙学经典

《弟子规》原名《训蒙文》，关于该文的作者，有两种观点：一种观点认为，作者是清朝康熙年间秀才李毓秀所作，后经由贾存仁修订、更名而成。还有一种观点认为，《弟子规》的作者就是乾隆年间的贾存仁。在这里，我们取传统观点，即作者为李毓秀一说。

> 李毓秀（1647—1729年），字子潜，号采三，清初著名学者、教育家，康熙雍正年间绛州（今山西省运城市新绛县龙兴镇周庄村）人。他精研《大学》、《中庸》，创办敦复斋讲学，被人尊称为李夫子。

《弟子规》作为一本童蒙养正读物，涉及为人处世之根本，从孝顺之门、自性之途、诚信之则、恭敬之心与爱众之道几个方面引导我们扎下人生之根，被称为"蒙学经典"或"中国人的家训"。

主要内容

《弟子规》共分八章，每章各有主题。第一章《总叙》讲的是教育之道，"弟子规，圣人训。首孝悌，次谨信。泛爱众，而亲仁。有余力，则学文。"《弟子规》是圣人孔子流传下来的教诲，作为子弟，首先要孝敬父母，友爱兄弟姐妹；其次是谨言慎行，信守承诺；再次是推及到博爱大众，亲近有仁德的人；以上这些都做好了，如果有多余精力，就应该多读书、多学习。总序是各章中最短的，以后的七章分别论述总序强调的各项原则，循序渐进，内容较多，我们结合每章的前几句，来看一看每章大体的思想。

第二章《入则孝》讲的是孝敬之道。"父母呼，应勿缓。父母命，行勿懒。父母教，须敬听。父母责，须顺承。"也就是说：如果父母呼唤自己，应该及时应答，不要故意拖延迟缓；如果父母交代自己去做事情，应该立刻动身去做，不要故意拖延或推辞偷懒。父母教诲自己的时候，态度应该恭敬，并仔细聆听父母的话；父母批评和责备自己的时候，不管自己认为父母批评的是对是错，面对父母的批评都应该态度恭顺，不要当面顶撞。

第三章《出则悌》讲的是兄弟之道。"兄道友，弟道恭。兄弟睦，孝在中。"意思是说，兄长要友爱弟妹，弟妹要恭敬兄长；兄弟姐妹能和睦相处，孝道就在其中了。

第四章《谨》讲的是修身之道。"朝起早，夜眠迟。老易至，惜此时。"意思是说，早上应该早起，晚上不应该睡得太早；因为人生易老，所以应该珍惜时光。

第五章《信》讲的是为人之道。"凡出言，信为先。诈与妄，奚可焉。"意思是说，开口说话，诚信为先；欺骗和胡言乱语，怎么可以拿来做人呢。

第六章《泛爱众》讲的是处世之道。"凡是人，皆须爱。天同覆，地同载。"意思是说，凡是人类，皆须相亲相爱；为什么？因为同在一片蓝天下，同住在广袤的大地上。

第七章《亲仁》讲的是择师之道。"同是人，类不齐。流俗众，仁者希。果仁者，人多畏。言不讳，色不媚。"意思是说，同样是人，善恶正邪，心智高低，良莠不齐；流于世俗的人众多，仁义博爱的人稀少。如果有一位仁德的人出现，大家自然敬畏他；他直言不讳，不会察色献媚。选择这样的人去亲近，才能提升自身的德行。

最后一章第八章《余力学文》讲的是学习之道。"不力行，但学文。长浮华，成何人。但力行，不学文。任己见，昧理真。"意思是说，不能身体力行入则孝、出则弟、谨而信、泛爱众、而亲仁，纵有知识，也只是增长自己华而不实的习气，变成一个不切实际的人。但是仅仅身体力行，不肯读书学习，就容易囿于自己的偏见做事，也会看不到真理。

小故事

《弟子规》不仅蕴含着丰富的哲理，还包含了很多小故事。这里列举几个与大家分享。

1. 孟母断机教子（父母教，须敬听）

孟子作为古代儒家代表之一，著有《孟子》七篇，《三字经》有云，"孟子者，七篇止"。孟子小的时候，并不太珍惜学习的机会，有一天读书厌倦了，就跑出学堂去玩。后来孟子的母亲知道了，就在织布的时候，突然很生气的样子把织布的梭子折断，扔在地上。孟子很奇怪，就问母亲为什么生气。母亲说："织布要一寸一寸地织，才能织成。但是如果把梭子折断了，不去织它，还能织成一匹布吗？你的学业也一样啊，你还没有学成就厌倦了，怎么能够成为有用的人呢！"孟子听了，明白了做学问的道理，从此发奋学习，终于成为一代大师。

2. 郯子鹿乳奉亲（亲所好，力为具）

郯子，春秋时郯国国君。古代的一位大孝子，父母年纪大了，都患了眼疾。郯子听说鹿乳可以治好双亲的眼疾，便披着鹿皮，去深山想尽办法混入鹿群之中，终于有一天，他得到了鹿乳，带回家让父母喝了。在取鹿乳的过程中，有一次，一个猎人误认为披着鹿皮的郯子是鹿，正要射他，郯子赶紧大叫，并将实情相告，猎人被他的孝心感动，护送郯子出山，并且将这件事告诉了大家。从此国君"鹿乳奉亲"的孝顺故事成了千古佳话流传至今。

3. 王祥卧冰求鲤（亲爱我，孝何难；亲憎我，孝方贤）

晋朝人王祥，幼年时母亲就去世了，父亲又娶了继母，继母朱氏不喜欢王祥，经常在父亲面前说他的坏话，久而久之，连父亲也不喜欢他了。虽然失去了父母的慈爱，但是王祥仍然很孝敬自己的父母。有一年冬天，继母病了，想吃新鲜的鲤鱼。当时天寒冰冻，河面都结冰了，一般渔民都已经不出去捕鱼了。为了捉到活鱼，王祥竟然脱掉衣服卧在冰上，希望能用体温化开河面的冰以后再捕鱼。这时候冰忽然自行溶解裂开一条缝，从里面跃出两条鲤鱼，王祥于是拿回去供母。王祥的孝行感动了继母，以后继母对他也就格外关心起来了。一家人的生活慢慢融洽和谐起来。

4. 闵子骞谏父（亲有过，谏使更；怡吾色，柔吾声。谏不入，悦复谏；号泣随，挞无怨）

春秋时候有个孝子叫闵子骞（闵损），是孔子的学生。生他的母亲，早已过世了，父亲娶了一个后妻，生了两个儿子。后母很厌恶闵子骞，冬天的时候，给自己亲生的两个儿子做了棉絮衣裳，给闵子骞穿的却是只装着芦花的。有一天，闵子骞的父亲叫他推车子出外，可是因为衣裳单薄，身体寒冷，一个不小心，失掉了车上驾马引轴的皮带子。他的父亲起初以为儿子太粗心很生气，就用鞭子打他。鞭子把衣服抽破了，露出了不保暖的芦花。回家后，父亲再摸摸另外两个孩子的衣服，却是暖和的棉花。父亲的心里明白了，是后母虐待了闵子骞，一气之下，就要赶走后母。这时闵子骞跪下来哀求父亲说："母在一子单，母去三子寒。"母亲在家，只有孩儿一人受冻，如果母亲走了，家里就有三个孩子要受寒。这两句话感动了父亲，留下了后母，后母知道后，大为感动，反省改过，变成了慈母。闵子骞的孝行是发自天性的，不管父母对他是疼爱或是憎恶，他始终都是用心尽孝，安顿了一家人的心，因而保全了一个濒临破碎的家庭。所以孔子在教学时，还特别称赞闵子骞说："真是难能可贵的孝子啊！"在今天的山东省济南市，有一条以历史文化名人命名的马路，就叫闵子骞路。

5. 齐桓公的教训（不亲仁，无限害；小人进，百事坏）

齐桓公是春秋时期著名的政治家，但晚年开始生活腐化，宠信易牙、竖刁和开方三个佞臣。易牙为了让齐桓公尝到人肉的味道，不惜把自己的儿子杀掉；而竖刁为了亲近桓公，主动阉割自己成为宦官；开方为了讨好桓公，15年不回家看父母。管仲对他们很反感，多次对桓公说："像他们这样杀死自己的儿子、自己阉割自己，背弃自己父母的人是靠不住的。"齐桓公却听不进去。后来，齐桓公病了，他们原形毕露，对病重的桓公不理不睬，最终桓公被活活饿死了。

6. 董遇巧用三余（有余力，则学文）

三国时期，魏国有一个人叫董遇，自幼生活贫苦，整天为了生活而奔波。但是他只要一有空闲时间，就坐下来读书学习，所以知识很渊博，人们很佩服他，名声也越来越大。附近的人纷纷前来求教，并问他是如何学习的。董遇告诉他们说：冬者，岁之余；夜者，日之余；阴雨者，时之余。学习要利用三余，也就是三种空余时间：冬天是一年之余，晚上是一天之余，雨天是平日之余。人们听了，恍然大悟。原来就是要通过一切可以利用的时间来读书学习，以提高自己的水平。

7. 纸上谈兵（但学文，不力行；长浮华，成何人）

赵括是战国时期大将赵奢的儿子，从小熟读兵法，讲起战术来十分在行，赵奢却不以为然。这一年，秦国攻打赵国，赵国派大将军廉颇前去抵挡。廉颇根据敌强我弱的形势，采取坚守不出，保存实力的策略，有效地阻止了秦国的进攻。秦国见廉颇难对付，就采用了反间计，派人散布流言，挑拨赵王和廉颇的关系。赵王中计，派只会空谈兵法的赵括代替了廉颇。赵括没有分析敌情，轻率地改变了廉颇的战略，在秦军的引诱下出兵迎战，结果使40万大军全军覆没。

当代启示

全文1080字、朗朗上口的《弟子规》流传了300多年，列举了为人子弟在家、外出、求学和待人接物应有的礼仪和规范，曾经是童蒙养正，教育子弟敦伦尽分、防邪存诚、养成忠厚家风的传统读物。当今社会，学习并践行《弟子规》，仍然具有强大的时代意义，它可以帮助人们树立正确的价值观念，养成良好的生活习惯，培养敦厚的心性品行；同时，它对家庭的和睦、社会的和谐、风气的净化，也大有裨益。这主要表现在以下几点。

第一，《弟子规》提高了家风家教的地位。一个人要从小懂得孝敬父母，友爱兄弟姊妹，学会谨慎对待自己的言行，做一个诚实守信的人，懂得与仁爱之人打交道，并以之为榜样，然后还要重视身体力行去弘扬美德，不断地学习，提高自身的素养，才能成为对社会有用的人才。今天的孩子们仍然需要加强对孝、弟（悌）、谨、信、亲仁这些美德的学习，人们不能仅仅关注孩子物质生活、升学知识和就业知识的学习，却降低甚至忽视了其他方面特别是品行操守方面的要求，这样的教育最终是失败的。

第二，《弟子规》体现了社会发展的需要。改革开放40多年来，我国经济建设取得了举世瞩目的成就，社会稳定、人民富足。但不可否认的是，在经济大潮面前，也出现了利益至上、诚信缺失，个人主义、利己主义大行其道，这在很大程度上影响了民风、政风、党风。学习《弟子规》有助于创造良好的社会环境，为全面建设社会主义现代化强国目标的实现提供不竭的动力。

第三，《弟子规》反映了公民道德的内涵。公民道德建设的落脚点是社会公德、职业道德、家庭美德。在《弟子规》中，"长者先，幼者后""己有能，勿自私"的要求，反映了文明礼貌、助人为乐的社会公德。"凡出言，信为先""凡是人，皆需爱"等内容，反映了诚实守信、服务人民等职业道德的要求；"入则孝，出则悌""衣贵洁，不贵华"等反映的是尊敬长辈、勤俭持家等家庭美德的要求。《弟子规》以儒家文化为基础，传承了300余年，三字一句，两句一韵，朗朗上口。直到今天，《弟子规》仍然是我们做人做事的良好准则。

第十五讲
《江州义门陈家训》：公廉楷模　齐家典范

在 2021 年 6 月 10 日，国务院公布的第五批国家级非物质文化遗产名录中，有四个家训传统赫然在榜（规约习俗类），其中就包括"德安义门陈家训传统"。我们先来了解一下德安义门陈氏家族。

江西省九江市（古称江州）德安县车桥镇义门村陈姓一族，从唐开元十九年（731 年）陈旺移家至九江郡蒲塘场太平乡常乐里永清村（即今德安县车桥镇义门村）开始，到北宋嘉祐七年（1062 年）义门陈氏奉旨分家，历经 332 年、15 代不分家、高峰时期人数多达 3900 多人。唐中和四年（884 年）唐僖宗首旌"义门陈氏"，后又屡朝旌表，宋太宗赵匡义敕联一副"聚族三千口天下第一，同居五百年世上无双"，欧阳修、苏轼、黄庭坚、朱熹等名儒也大加褒赞，"义门陈"遂名传天下。

义门陈氏创立了"至公无私"的管理体制，出现了"室无私财，厨无别爨""八百头牛耕日月，三千灯火读文章"之盛况。开办了我国最早的民办高等学校"东佳书院"，不少江南名士皆肄业于其家，所藏书帖号称天下第一。其"家法三十三条"被宋朝奉为"齐家"的典范。1062年，义门陈氏奉旨分家，这也是中国首个奉旨分家的大家族，共分291庄，家众散处全国72州郡、144县，其后裔繁衍至今已超千万人口。

唐大顺元年（890年），义门陈氏第三任家长陈崇会同六大房长老，订立了《家法三十三条》《家规十六则》《家范十二则》，成为最早以文字形式固定下来的家训家规，是一部完整的家族管理制度。其中"家法"侧重规范家族成员的行为，是家族事务的具体管理办法，核心思想是"均等""和同"，体现了"一公无私"的本质与内涵，被当朝奉为"齐家"的典范；"家训""家范"侧重规范家族成员的思想，训导家族成员忠孝节义、明德修身、团结和睦、禁绝非为，形成良好家风传承后代。1062年奉旨分家之后，义门陈氏后裔坚持"一家繁衍成万户，万户皆为新义门"的认同，义门陈氏各庄家训、家规通过"族谱""祠约"等方式传承，垂示子孙，规范言行。1988年，德安义门陈氏出台了《义门陈爱族公约》，结合时代发展将家训转化成生活规矩，推广到义门陈氏村落的每个家庭。

义门陈氏家族规范集中体现了忠孝仁义的儒家理念，闪耀着民主和智慧的光芒，在维系陈氏义举中发挥着至关重要的作用，同时也对当时社会产生了重要的影响，许多内容至今仍然有借鉴意义。

1. 敦孝悌以重人伦

受中华传统文化的影响，孝悌人伦被陈氏先祖摆在了家训的第一条。北宋天圣元年（1023年）义门陈氏第十三任家长陈蕴创建了最早的养老院"寿安堂"，专供老人休闲养老，并建有"太学院"专供在外为官者告老还乡后颐养天年。百善孝为先，孝为德之本深深地印刻在义门陈氏族人的心中，每逢清明、冬至，义门陈氏后人纷纷前往祖居地宗祠，点上祭奠的香火，向先祖祈求平安。

2. 笃宗族以昭雍穆

义门陈氏崇尚宗族理念，家庭内部互敬互爱。夫妻、婆媳之间不为琐事争吵，凡遇到大事，全家老少便会在家中长辈的召集下坐在一起，共同商讨，至今传有家族议事聚会的场所"大公堂"。义门陈氏家法中还明确规定："男皆只一室，不得置外妾，男年十八岁，则与占勘新妇，女则候他家求问"，1000多年前，在一夫多妻制盛行的封建社会，义门陈氏家族就实行了"一夫一妻"制，十分难得。

3. 和乡党以息争讼

和谐不仅仅体现在陈氏内部，与邻友好也是陈氏家训中重要的一条。江州的和谐与宁静很大程度上得益于陈氏的谦让。在这里，陈氏与其他姓氏间和谐相处、互敬互让，将小小的社区打造成为和谐社区新典范。据史料记载，北宋时期在义门陈氏忠义孝悌的感召下，江南人家平纠纷，净争讼，知礼仪，忠国家，呈现一派耕读升平的景象。不仅人与人之间和谐相处，古传连义门陈氏家犬都团结互爱，至今留有"百犬同槽：一犬不至，群犬不食"的美传，甚至被载入吉尼斯世界纪录。

据《德安县志》记载，义门陈氏养了100只狗，吃饭时若有一只没到，其余的狗都不会吃。当时的宋朝皇帝昭宗听说后，十分惊奇，派人做了100个米馍送往义门试验。100个米馍放在地上后，来了99只狗，其中一只含起一个米馍径直向一间柴房走去，其他的狗原地不动。后来，人们发现柴房里有只拐了腿的狗，拐腿的狗拿到米馍后，其余的99只狗才一起吃米馍。宋朝皇帝感到非常惊讶，随即亲笔题联："一犬未至百犬不食，牢内异物皆效义；一吠突起百吠齐怒，寨中同声共护门。"

4. 重农桑以足衣食

陈氏一脉崇尚劳动、耕读传家，在他们心中劳动是最伟大的事业。陈氏一族不论老少，在农忙季节都会到自己田里参与劳动，靠自己的双手创造财富。北宋嘉祐六年（1061年），江南数月无雨，旱情严重，灾民遍野，饿殍盈苍。宋仁宗只身下江南视察灾情，走进江州义门陈氏，见这里生产生活如常，仁宗便讨教一翁。翁说，义门陈氏人口众多，上下和睦，孝义治家，老少齐心。面对大旱之年，整个家族齐心协力，挖渠引水，乃避此旱，故生活如常。仁宗感言：江州义门，怡然相存，真乃义之所至也。

5. 尚节俭以惜财用

勤俭节约是江州陈氏延续千年的又一法宝。勤劳创造财富，勤俭聚集财富。在义门陈氏一族中，孩子们从小就被教育要勤俭节约，在数十年的成长过程中，他们早已将这一理念内化于心、外化于行。

奢靡之始，危亡之渐。《新唐书》记载了这样一件事：唐初，志得意满的魏王李泰就对奢侈享乐情有独钟，虽有大臣向太宗李世民进谏，但太宗却没怎么当回事，"舜造漆器，禹雕其俎，谏者十余不止，小物何必尔邪？"可大臣褚遂良却不这么认为，他严肃地剖述了其中的利害，今天是漆器，明天就是金器，后天就是玉器，这样越来越奢华，也就越来越难以遏止。所以这些事看似微不足道，但后果却是严重的，甚至不可挽回。唐太宗听罢，深以为然。

6. 隆学校以端士气

江州义门陈氏崇文重教，为了解决子孙读书问题，早在家族经济还不富裕的情况下，义门曾先后创办了"书屋"和"书堂"两级学校。初级的叫书屋（相当于小学和初中），高级的叫东佳书院（相当于高中和大学），"七岁令入学，至十五岁出学。有能者令入东佳"。东佳书院也是中国最早的私家书院（比白鹿洞书院早近半个世纪），宋时所藏帖书号"为天下第一"，培养了3位宰相、58位进士和数十位尚书、刺史、节度使等。义门陈氏"八文龙、九才子""同榜三进士"成为美谈。东佳书院声名远播，吸引了欧阳修、苏轼、陆游、黄庭坚、晏殊、王韶、夏竦、朱熹、岳飞、文天祥等一大批文人学士前来讲学、游园或求知，留下了300多件题词文章和诗篇。史载有12位宰相先后到访东佳书院，包括寇准、陈尧叟、文彦博、吕蒙正、晏殊、李昉、宋琪等，宋代江州知府李原颖诗云"接官厅内尽是进士博士大学士，迎宾路上又来侍郎礼郎尚书郎"。

7. 黜异端以崇正学

在传统文化的影响下，异端邪说在江州毫无生命力可言，德安县车桥镇社区更是每年举办"拒接邪教，从我做起"的活动。在义门陈氏的推动下，反邪宣传进入了车桥镇的每一户人家。

明朝时期，在外为官的义门陈氏后人陈质，年老后辞官回到义门村颐养天年。一日，陈质写字时看到围观的人群中有一个年轻人，帽子歪了，还身穿奇装异服。于是，他就写下了四个字"大可不正"，并有意将"正"字歪写后问道："我写的是几个字？"众人答："四个字。"陈质指着那位戴歪帽子的年轻人问道："这四个字组成两个字怎么读？"众人道："奇歪"，那位年轻人面红耳赤，不好意思地低下了头。于是，陈质重新铺好纸张，笔走龙蛇地写下了："奇服异器莫思玩好，钱财货利莫视泥沙"，并出钱安排人将此训语刻成一碑，立于饭堂，时时警诫陈氏子孙。

8. 讲法律以儆愚顽

没有规矩，不成方圆，江州陈氏不仅仅是陈氏家训的忠实遵循者，更是法律的积极维护者。知法、懂法、守法、护法，是长辈教给每一个陈氏子孙的人生必修课。

为保证家规家训得到切实执行，陈崇专门建了一个执行家法的场所——刑杖厅，并将"家严三尺法，官省五条刑"作为厅联，以"惩过"为横额，表明"凡弟子有过，必受家法严惩"的决心。刑杖厅建成不久，义门陈氏一处田庄的庄首陈魁，从家族库司领了30两库银到江州去办事。办完事后，陈魁看到一伙人在赌博，一时手痒就拿出剩下的3两银子跟着一起赌。

谁知第一次赌博的陈魁竟然运气极好，不到一个时辰就赢了35两。回到家后，他将赢来的35两银子和剩余的3两库银一并缴还了库司。没过多久，家长陈崇查检田庄账册时发现了这一问题。赌博是陈氏家规中明确要求禁止的，即使没有把赢来的钱纳入私囊也不被允许。第二天，邀请族中的长辈、各田庄的庄首到刑杖厅后，陈崇便命令庄丁把陈魁反扣双手绑进来受罚。当着众人的面，陈崇命人拿出《家法三十三条》读道，根据家法第三十二条之规定："不遵家法，不从家长令妄作是非，逐诸赌赙（通'博'）斗争伤损者，各决杖一十五下，剥落衣妆归役一年，改则复之。"说罢，就令人执行了家法。打过之后，陈崇问陈魁："你服也不服？"陈魁说："官法如雷，家法如炉，陈魁一时鬼迷心窍，今日领教了，下次不敢。"此事很快一传十、十传百，使义门陈氏的子弟都知道家法森严，刑罚无情，再也不敢轻易违背。

9. 务本业以定民志

陈氏一族废除了私有制和雇佣劳动，土地归家族所共有，家族与田庄分层经营，"男性田野耕种，女性养蚕织布"，以整个家族为单位，对全家庭的劳动力进行统一调度和安排。爱岗敬业是江州陈氏的最基本的职业道德，而今在外务工的江州陈氏后人因自己的踏实肯干广获用人单位的好评，许许多多的江州陈氏后人因此走上了企业的领导岗位，成为员工学习的榜样。

10. 训子弟以禁非为

陈氏崇尚家教，884年，义门陈氏家族就已经建立了"百婴堂"，也是世界上最早的幼儿园之一。后来有诗曰："堂前架上衣无主，三岁孩儿不识母。"在"百婴堂"，《家训十六条》便是孩子们学习的第一课。在孩子们牙牙学语之时，长辈们便念着十六条家训陪伴着他们的成长。

有一次，宋真宗召见义门陈氏的家长陈延尝，问其家况，陈延尝回答说："堂前架上衣无主，三岁孩儿不识母，一十五代未分居，农夫不怨耕田苦。"意思是他们家有饭同吃，有衣同穿，聚族为家，以农耕为乐。宋真宗似有不解，问："子不识母，人生不孝，岂能称义？"陈延尝解释道，义门陈人无论谁家出生了小孩，都集中起来哺育，婴儿饿了，无论谁家的奶母只要碰上了，就会自觉给孩子喂奶。婴儿断奶后，又统一教他们吃饭，在陈氏家族内用餐，有老年席、成年席、学童席和幼儿席。孩子们在幼儿席吃饭长大，有吃的，有玩的，其乐融融，乐不思母，也在情理中。

11. 息诬告以全善良

江州陈氏极善感化他人。俗话说"人非圣贤孰能无过"，当一个人犯错时，江州陈氏想的是怎么感化他，怎么让他真正认识到错误，而不是单纯的惩戒。陈氏先祖希望通过这样的感化手段让后人都能成为善良贤德的人。

不论是在江州义门村，还是在全国各地的分庄，不少陈氏后人家里都悬挂着"家秉三尺法，官省五条刑"的楹联。这正是陈氏后辈牢记家规家训、赓续良好家风的最好证明。

12. 戒匿逃以免株连

在社会主义新中国，早已没有株连之说，但质朴的江州陈氏依然将此作为家训，并将其赋予了新时代的内涵。江州陈氏积极配合并协助党委政府开展各项工作，在"美丽乡村"建设中，江州陈氏理事会协助政府做通百姓工作，为美丽乡村项目的顺利实施立下了汗马功劳。

13. 重民主以推贤能

陈氏家法规定，"立主事一人，副事两人，管理内外诸事——此三人不拘长少，但择谨慎才能之人任之，倘有年衰乞替，即择贤替之，仍不论长少"。以家法为据，义门陈氏对家族管理者的选拔只论才干，选贤任能，而不是论辈分、年龄和经济实力。自陈崇始，历任家长都是经民主推选的。

14. 联保甲以弭贼盗

保甲是历史上统治者通过户籍编制来统治人民的制度，早已不复存在。但江州陈氏却从这一制度中吸取了经验，将村民小组的自治作用发挥到了极致，小组长充分调动了每户人的特长，互相帮助，将小组生活开展得有声有色。

15. 解仇怨以重身命

矛盾总会产生，解决好矛盾才是维护和谐的灵丹妙药。在江州，邻里矛盾在长辈和理事会的协调处理下大部分都能及时化解，而少数矛盾，在陈氏这里也会很快被遗忘。和为贵的思想早就在陈氏心中烙下了永久的印记。

16. 明礼让以厚风俗

古有孔融让梨，今有互敬三分。江州陈氏将文明礼让发挥到了极致，每逢圩日，江州街上人来人往，却从未因拥挤造成冲突。设身处地、换位思考是每一位江州陈氏遇事的第一选择。

义之所至则忧国忧民。宋天圣年间，江州大旱，陈氏为了如数缴纳国家的税赋，一门3000余口勒紧裤带，连续3个月靠饮菜羹汤充饥。朝廷得知这一情况后，深为感动，赐给其官粮3000石，以补食用不足。家长陈旭看到周边百姓有的连粥都喝不上，便向官府提出，只接受一半，留出一半粮食用以救济周边困难百姓。皇帝赞曰："诚哉义门也。"

那么，江州义门陈氏家族为什么能够长期义居，久聚不散呢？

其中最根本的是忠孝文化。"治家之道，必从孝道始"，陈氏族人"以为族既庶矣，居既睦矣，当礼乐以固之，诗书以文之"（徐锴《陈氏书堂记》），于是创立学堂，教化子孙。这是陈氏家族初治家方略中的基本理念，也是坚持陶冶族人道德情操的必由途径。其目的是使家族每一个成员都能"大小知教，内外如一"，做到上下尊卑有序，和睦相处，齐心协力共建家族的繁荣。

酿酒是陈氏产业中的一大特色。古诗中的"朗吟品陈酒，雅叙有高朋"，"待客开陈酒，留僧煮嫩蔬"。其中，"陈酒"不仅是指陈年老酒，也是指义门陈酒。有一年，陈氏家长陈兢为谢皇恩，带上几挑子陈酒去面圣，皇上也回了他一个梨子和一只鸽子。陈兢当即把梨子吃了，而把鸽子放在怀里。圣上问这是何故？他说："义门陈永不分离（梨）。"鸽子带回家中后，陈兢招来各房管家，将鸽子捣碎，和到一缸新酿的陈酒中，合门3900余口，共尝其味，人人分享这一皇恩。说来真怪，义门陈酒加上鸽子做调料，味道更胜一筹。后人称陈兢的举动是："陈酒和鸽，满门好合；鸽和陈酒，义门长久。"

但是，随着生产力的发展及其家族人口的快速增长，单一靠"以治家之道为人伦之本，欲隆风教之原，必从孝悌始"的儒教伦理来维系家族内部团结是不够的，还必须辅治于法。在1000多年前的封建社会里，陈氏家族能够从生活实际出发，制定家法，依法治家，充分显示了义门陈氏祖先的智慧和才能。从此，义门陈家在其宗族人伦基础上实施"德法兼治、恩威并施"的治家方略。到宋太宗至道元年（995年），已是"宗族千余口，世守家法，孝谨不衰，闺（阃）门之内，肃于公府"（《宋史陈兢传》）。到北宋中叶，义门陈氏已发展成为全国最大的、罕见的、富有特色的封建大家族。这个大家族就是一个独立的小社会，具有和国家相对应的各种功能，形成家国一体的社会模式。

义门陈氏的家风家训文化举世闻名。"义门陈"家法三十三条、家范十二则、家训十六条，被宋仁宗收入国史馆，赐王公大臣各一本，使知孝义之风。2015年中央纪委监察部官方网站头条推荐了"义门陈家法"，赞誉其"公""廉"之风。"义门陈家法三十三条"的创立者陈崇、"东佳书院"的创建者陈衮等六任家长，先后被载入《唐史》《宋史》等正史。

第十六讲
《家诫》：家和万事兴

北宋著名文学家、书法家黄庭坚，诗风奇折险坳，书法纵横奇倔。这样的文化大家掌控的不仅是自己的人生，更肩负着家族气质的绵延，为此他写下黄氏家训《家诫》。其中蕴含着怎样的治家智慧呢？我们先来了解一下黄庭坚。

> 黄庭坚（1045—1105年），字鲁直，号清风阁、山谷道人、八桂老人、黔安居士等，谥号文节，世称黄太史、黄文谷、豫章先生等。他与杜甫、陈师道、陈与义素有"一祖三宗"之称；与张耒、晁补之、秦观都游学于苏轼门下，合称"苏门四学士"；书法与苏轼、米芾、蔡襄并称"宋四大家"；生前与苏轼齐名，世称"苏黄"。他出生于一个书香世家，终宋一代，修水双井黄氏文风极盛，世代子孙有文名可考者

> 逾百人，中进士者近五十位，时人盛赞黄家"孝友之行追配古人，瑰玮之文妙绝当世"。黄庭坚幼入芝台书院、樱桃洞书院学习诗文、经史，聪慧过人，书读数遍即能成诵。他经常与"诸父昆弟相与题咏"，才思、学业进步极快，舅父李常称赞他求学功夫"一日千里"。可以说，诗书传家的良好家风，对黄庭坚影响很大，在这样一个文风极盛的书香世家，黄庭坚养成了广泛的爱好和特长，使他最终在诗词、书法等方面取得重要成果。

黄庭坚在教子上，一方面继承黄氏家族重视诗书的家风，教育子弟继承读书的传统，正如他在一首诗中写道，"藏书万卷可教子，遗金满籯常作灾"；另一方面，他非常重视家族内部的和睦团结，认为家族成员如果能够敦睦相处，相互体谅，必定能子孙荣昌、世继无穷，《家诫》一文，正是在这一方面的体现。

《家诫》的具体内容是什么？让我们走进此文一探究竟。

庭坚自总角读书及有知识迄今，四十年时态，历览谛见润屋封君巨姓，豪右衣冠世族，金珠满堂，不数年间，复过之，特见废田不耕，空囷不给，又数年，复见之，有缧绁于公庭者，有荷担而倦于行路者。问之曰："君家曩时蕃衍盛大，何贫贱如是之速耶？"有应于予曰："嗟乎！吾高祖起自优勤，噍类数口，叔兄慈事，弟侄恭顺。为人子者告其母曰：'无以小财为争，无以小事为仇。'使我兄叔之和也。为人夫者告其妻曰：'无以猜忌为心，无以有无为怀。'使我弟侄之和也。于是共卮而食，共堂而燕，共库而泉，共廪而粟。寒而衣，其布同也；出而游，其车同也。下奉以义，上谦以仁，众母如一母，众儿如一儿，无尔之我辨，无多寡之嫌，无私贪之欲，无横费之财。仓箱共目而敛之，金帛共力而收之。故官私皆治，富贵两崇。逮其子孙蕃息，妯娌众多，内言多忌，人我意殊，礼义消衰，诗书罕闻，人面狼心，星分瓜剖，处私室则包羞自食，遇识者则强曰同宗，父无争子而陷于不义，夫无贤妇而陷于不仁，所志者小而失者大，至于危坐孤立，贻害不相维持，此所以速于苦也"。庭坚闻而泣曰："家之不齐，遂至如是之甚，可志此以为吾族之鉴"。

这篇家训用现代的话语解释就是：我从小读书学习到现在，已经40年了。这期间耳闻目睹那些豪门大族、高官厚禄之家，金玉满屋，富甲一方。过几年再经过这里，只见田地废弃荒芜，无人耕种；仓库空虚，没法供给粮食。再过几年又看到，有的人身陷牢房，在公堂上受到审讯；有的人肩挑担子，在道路上疲惫行走。我问他们说："你们家从前繁衍盛大，为什么这么迅速就变得如此贫贱了呢？"有的回答我说："哎呀！我家高祖发家于忧劳勤勉，当时才几口人，叔父长兄慈爱善良，弟弟侄儿恭敬顺从，做儿子的对他的母亲说：'不要为小事去无端争执，不要因小事而结为仇敌。'这样使得叔辈兄长们和睦相处。做丈夫的对他的妻子说：'不要有相互猜忌的心事，不要把利益有无放在心上。'这样使得弟弟侄儿能和睦相处，在家共用一种器皿而饮酒，共在一间屋里而宴乐，钱财放在同一个仓库，粮食放在同一个仓廪。天寒穿同样布料的衣服，外出坐的车也没有两样，晚辈以礼义恪守孝道，长辈以谦和施予仁爱。大家虽然各有其母，但就像一母所生；大家虽有许多子女，但待之如一人的子女，不分你我，不嫌多少，没有私欲，没有浪费的钱财。仓库衣箱大家一起监督而收藏，金钱玉帛大家共同劳动而储积。所以公私皆治，富贵倍增。等到我们家子孙繁衍旺盛，兄嫂弟媳众多时，家里言语猜忌越来越多，你我内心想法多有不同，礼节道义消失衰败，也听不到读书声了。个个人面兽心，大家庭四分五裂，各自躲在家里开小灶，见到有智识的就硬说是本家同宗。父亲因没有规劝自己的儿子而陷入无法讲究仁义的困境，个个都胸无大志，而且失误贻害越来越多，以至于各自孤立，灾难到来时不能相互支持扶救，这就是我们快速地变成目前这种困苦境地的原因。"我听了这些话，流泪说道："因为没有整治好家政，所以最终落到这种可怕的地步！可以记下他们的教训来作为我们家族的借鉴啊。"

这篇《家诫》带给我们怎样的启示呢？

第一，相处和睦、关系融洽是家族兴盛的根源所在。在这篇写给儿子黄相的家训中，黄庭坚从自身的所见所闻讲起，娓娓道来，生动翔实，并且从远近古今、引经据典，以具体事例说明家族兴衰的根源，在于家庭内部人际关系的和睦相处。家庭由盛到衰的原因，皆是由成员之间的不和睦造成的，他还借落败之人道出各种缘由。这些破败的家族开始时也是勤勤恳恳、父慈子孝、兄弟和睦、夫妻无猜，成员之间和睦相处，共同进退。但是到了后来，"子孙蕃息，妯娌众多"，猜忌之心渐起，斤斤计较之事不绝,遂使"人面狼心,星分瓜剖……至于危坐孤立,遗害不相维持,此其所以速于苦也"。

黄庭坚认为,家庭之盛"起自忧勤,噍类数口,叔兄慈惠,弟侄恭顺"。他进一步指出,家庭衰弱的原因是"家之不齐"。《家诫》中举例:曾经看到那些富丽堂皇、受爵被封,大户富豪、世袭贵族人家,金银珠宝堆满厅堂,但没过几年时间再次探访时,只看到废弃的田地没人耕种,空空的粮囤没了供给。又过了几年再见到他们时,有的被拘禁在衙门,有的挑着担子在路上疲惫地奔波。居住在湖坊的不到两代即断了,居住在东阳的不到两代就贫穷了。问他们:"你们家过去人口众多珠宝满堂,为什么贫穷低贱得如此迅速呢?"回答说:等到子孙繁盛,妯娌增多,妇女在闺房所说的话也相互猜忌,人们各有各的想法,礼仪风尚日渐消减,很少听到人们谈论诗书和经典文章,一个个面目全非,人心像天上的星星一样松松散散,像瓜被剖开一样四分五裂,长此以往只能自食其果。

第二,家和则兴、不和则败,是千古不变的治家至理。黄庭坚以他几十年的所见所闻,反复向儿孙们说明一个道理:"家之不齐,遂至如是之甚。"家和则兴、不和则败,正是千古不变的道理;家和则"官私皆治,富贵两崇",慈孝之盛,外侮不能欺,甚至是绿林大盗也相约无犯义门之家;而不和则子弟在内钩心斗角、相互倾轧,在外患难则不能守望相助,这样衰亡也就随之而来。

由于少年丧父,黄庭坚对母亲的情感特别深厚。23岁考中进士后,黄庭坚不愿出仕,他"出门奉檄羞闲友,归寿吾亲喜自知"。黄庭坚在德州任职期间,曾因不能侍奉母亲而感慨道:

"不追将母伤今日，无以为家笑此生。"

在外游学期间，黄庭坚日夜牵挂着远在家乡的母亲，他在诗词《初望淮山》中真切写道："三釜古人干禄意，一年慈母望归心"，展露出黄庭坚自小就拥有的仁爱与孝心。《宋史》记载："庭坚性笃孝，母病弥年，昼夜视颜色，衣不解带。"《二十四孝》故事里的第十二篇《涤亲溺器》，讲的就是黄庭坚。其实，黄庭坚游学淮南，4年后回到了家乡，回到了母亲的身边，黄庭坚每天就亲自倾倒并清洗母亲所使用的马桶。黄庭坚用行动告诉我们，亲情没有长幼之分，孝道没有尊卑、贵贱、贫富、高下之别，即使是清洗便溺之器物，孝子也会"乐为之"。

第三，以诚相待、宽容大度，是成员相处的首先条件。对于如何使家庭和睦这个问题，黄庭坚给儿子们传授了自己的经验。他认为，家族成员相处首先就要以诚相待、宽容大度，"无以小财为争，无以小事为仇""无以猜忌为心，无以有无为怀"。也就是说，不要斤斤计较个人私利，要以家庭的大局为重。黄庭坚还特别强调了妯娌之间的和睦相处。妇人有时心眼太小，容易搬弄是非，为夫者一定要辨明是非，心胸开阔，不可挑起家庭矛盾。

第四，自我修养、自觉意识，是家庭和睦的坚实基础。黄庭坚还把家庭的和睦建立在自我修养的基础上，所以他特别强调家庭成员的自觉意识。他告诫家人"人生饱暖之外，骨肉交欢而已"，子孙们都曾经是骨肉同胞，共同成长起来的少年玩伴，这份情谊是非常重要的，血缘关系是打不断的，子孙们应该以此为机，维护好家庭的团结和睦。

黄庭坚为官多年，勤俭朴素。在接触了一位名叫孙君昉的退休太医之后，他更加崇尚俭朴，将其视为一种长寿之道。这位退休太医是他的邻居，医术超群，却无意靠此发财或者博取声名，还时常搞义诊。生活十分俭朴，最大的乐趣就是和几个好友在他的小花园中，泡几杯粗茶谈天说地，感觉就像活在世外桃源中一样自在潇洒。黄庭坚也是受邀的好友之一，某次便问起了这位太医长寿之道。这位太医便以"粗茶淡饭饱即休，补破遮寒暖即休，三平二满过即休，不贪不妒老即休"来回答。这番话恰好与黄庭坚所传承的家风、所蒙受的教育、所具备的品行契合，给了他极大的感触，随即写下了一首与此有关的诗文，名为《四休居士》，并特意在序言中表示："此安乐法也，夫少欲者不伐之家也，知足者极乐之国也"，意思是说节欲知足就是人生安乐之法。这种态度也是黄庭坚用以教育后代的态度，他还在留下的家训文章《家诫》中警示子孙，金银财宝会引起贪欲，使家人不和睦，甚至自相残害，导致家族衰亡，所以子孙后代一定要注意和睦团结。而这个和睦团结的基础，就在于保持俭朴淡泊的家风。

黄庭坚在给子弟的书信中曾经指出："吾侪所以衣冠而仕宦者，岂自今日哉。自高曾以来积累，偶然冲和之气。"这个"冲和之气"正是祖辈遗留下来的家风、家学。可以说其高祖、曾祖以来的家族和睦之风、重视诗书的文风，是黄氏世代人才辈出的重要因素。所以，黄庭坚希望后辈们继承祖辈的风范，使"子孙荣昌，世继无穷之美"。

家庭和睦一直是古人非常重视的问题，特别是在聚族而居、数世同堂的情况下，成员众多，家庭纠纷就会不断。因此古人提倡家庭和睦的事例很多。像黄庭坚这样教育子孙，列举实例、详细剖析、耐心教导殊属可贵，其《家诫》一文堪称这类家教的典型，在古代影响很大。

时至今日，虽然家庭规模日益缩小，但和睦仍是家庭幸福的必要条件，俗话说"家和万事兴"，这就是黄庭坚的《家诫》带给我们的治家智慧。

第十七讲
《手镜》：心清、行慎、身勤

在历史上的齐鲁名士中，王士禛可以说是一位光耀古今、影响深远的文化名人。在他众多的诗文著作中，有一本名叫《手镜》的著作比较特殊，是其为儿子王启汸所书的家训。镜子能忠实地反映真实世界，如同一双明辨善恶的慧眼，王士禛希望自己的教诲像一面"正容镜"，能够时时为做官的儿子正容、正心，因此这部家训取名《手镜》。让我们先来了解一下王士禛。

> 王士禛（1634—1711年），字贻上，号阮亭，别号渔洋山人，世称王渔洋，山东新城（今山东桓台）人。清初诗人、文学家、诗词理论家，论诗创"神韵说"，被誉为康熙朝"一代诗宗"。清顺治十四年（1657年）进士，初官扬州推官，入为部曹，转至翰林，任国史副总裁、刑部尚书。康熙四十三年

（1704年）罢官归里。他一生著述等身，至老不倦，作品多达36种560余卷，为世人留下了浩瀚的诗文巨著。

王士禛为官期间洁己爱民、政绩卓著，是名载史册的清官廉吏，深得百姓爱戴，康熙皇帝曾亲书"清慎勤"赐予他。他亲笔书写《手镜》五十则，总结自己多年的为官等经验，叮嘱儿子要做到"清慎勤"，清正朴素、宽政慎行、为国为民，告诫子孙恪守家训，传承家风。

接下来，让我们看一下《手镜》这部家训。

公子公孙做官，一切倍要谨慎检点。见上司处同寅，接待绅士皆然，稍有任性，便谓以门第傲人，时时事事须存此意。做官自己脚底须正，持门第不得。有司衙门严内外之防，是第一要紧之事，家人勿令出外。

日用节俭可以成廉，而下人衣食，亦须照管，令其无缺。

日用米、肉、薪、蔬、草、豆之类，皆当照市价平买，不可有官价名色。

朔望行香及有朝廷大典、礼拜牌等事，须早起恭敬侍事。

每日坐堂须早。早起用粥及姜汤御寒气。午堂亦须饭，然后出，惟不可多用酒，酒后比粮审刑，尤断不可，慎之慎之！

春秋课农，须身亲劝谕鼓舞之。尤须减驺从，自备饮食，令民间不惊扰。

文庙当加意修葺，严其启闭，洁其洒扫。严禁兵丁、衙役、闲杂人等赌博饮酒于其中。时时嘱广文先生查之。

牌甲一事，诘盗弭盗之良法，但要行之极善，勿致骚扰。盗有犯者，鞫得其实，当执法严惩，则不肖之徒屏迹矣。欲靖盗源，尤在严禁赌博。有窝赌者，犯即枷示重惩，不宜轻纵。神会人杂当令扑官弹压之。严禁赌钱、吃酒、聚众打架。城门亦当令防弁严谨出入，面生可疑之人不放入城。

宴会当早赴早散，不可夜饮。

钱粮不论多寡，批回俱要一一清楚。号件簿最要稽查，每日勾销一次，须无延捱迟误及贿压等弊。

夏天出门，亦要带棉衣、棉被褥之类，以防风雨骤寒。此少闻于方伯赠司徒公者，四五十年守之不敢忘。

捕快，多纵盗殃民，当严驾驭之。

做有司官须忍耐、耐烦，事至须三思而行。不可急遽，急遽必有错误。

火烛门户，时时谨慎。遇年节、灯节，民间烟火、起火等，亦宜禁之。如花炮则不妨。

地方如有聚众烧香念佛、白莲、龙天等邪教，左道惑众者，当于严牌甲时力禁之。早杜其源，勿令滋蔓。

解钱粮须慎，选老诚殷实人役。银入鞘必自家经眼，然后贴封，不可粗心。

义学多有名无实，宜实实举行之。

皇上御书赐天下督抚不过"清慎勤"三字。无暮夜枉法之金，清也；事事小心，不敢任性率意，慎也；早作夜思，事事不敢因循怠玩，勤也。畿辅之地，果为好官，声誉易起。如不努力做好官，亦易滋谤。勉之，勉之！

地方万一有水旱之灾，即当极力申诤，为民请命。不可如山左向年以报灾为讳，贻民间之害。

政有闲暇，令广文选生员美秀而文者，为文会作养之。

学院少司马李公，素讲理学，孤峭立崖岸，礼遇或优，断不可有片纸竿牍。

养马一差及协济驿马二事，当留心相机行之，非笔墨可尽。

雾天早起当使饱，若枵腹则恐致疾，行路尤不可也。暑天有汗亦不可在有风处脱衣帽。寒天又不必言。

与上司禀启，当先简点，勿犯讳。其父祖名讳，亦宜话间而避之。如守道于之祖，谥"清端"公，讳成龙；巡道许之父，讳世昌（福建巡抚）；太守宜之父，讳永贵（总兵改巡抚）；军厅王之父，讳永茂（河间知府）。此其及知者，馀可类推也。

上司同寅，有送优伶之类者，量给盘费，不妨从优。不可久留地方滋扰，亦不必多留衙中做戏。

凡审事及商榷事体，最宜慎秘。虽门役等日在左右者，亦不可令窥探意指，泄漏语言。

同寅切戒戏谑，往往有成嫌疑者，不可不慎。

堂规要严肃，此最观瞻所系。上堂颦笑亦不可轻易。所云"君子不重则不威"也。

勿用重刑，勿滥刑。至于夹棍，尤万万不可轻用。

病人、醉人不宜轻加扑责。盛怒之下，万不可动刑。

审事务极虚公，须参互原告、被告及干证口供，虚实曲直自见。不可先执成见，致下有不得尽之情，或至枉纵。至于盗案，尤要详慎。强之舆窃，相去天渊，一出一入，万万不可轻易。

人命最重，极当详慎，务于初招，确得真情。尸格不可听仵作妄报，（暑月检尸，须先食辟恶之物）方不致开后来翻案驳窦，亦不致有冤枉。详册中招首数语，谓之招眼，更有关系。如"素无仇怨"等语，即系斗殴杀。如"夙有仇恨，遂动杀机"等语即系谋故杀，斗殴矜释者多，谋故遇赦不赦，轻重判若天渊。故招眼数语最当详慎。

凡人命，投井、投缳、服毒、自尽等，多是刁徒籍命诬赖，居奇骗诈。如审出此等节情，即当反坐，不惟诬告者少，而轻生者亦少矣。惟真正有威逼实据者，乃当别论。

不可多准词状，不可轻易差人拘提，不可令妇女出官，不可轻易监禁，不可令久候审理。随到随结，则案无留牍，不误农事，而衙役亦不敢恐吓诈骗矣。事体小者或事关骨肉亲戚者，止当令其和息、自悔、自艾，亦教化之一端也。

风俗教化所关甚钜，每月朔望会师儒讲上谕法条，须敷陈明白条畅，乡愚人人可解，中才以下之人，皆可勉于为善，而不敢为不善，勿视以为具文。

待绅衿须各尽礼貌。生员闭户读书、绩学能文者当爱敬作养之。惟出入衙门扛帮词讼者，不在此例。（生员不可责，有过语广文可也）

逃人随获随解，不可监禁过三日。或获之道路，或获之空庙，断不可株累窝家。万一果有窝家令作自首，则保全者大矣。别有《督扑条例注释》可细看，此事尤可行阴骘也！留心，留心！凡解逃人一名，须佥有身家不吃酒的殷实解役二名，方保无虞。此事大有干系。慎之，慎之！

旗下人不可刑责。

衙门仓库巡逻监仓防范俱要严紧。宅中上宿巡更，亦当每夜严紧。如有公事赴省、赴府尤要加紧，勿忽。

待广文、扑衙、防守、将官皆要和睦。

催征钱粮各有不同，要以便民为主。如自封投柜，不经胥吏之手，流水簿备照分明，则胥吏不能作奸，则天下所同也。比粮不可用刑太重，此事最系官声，慎之。

羡余一项，各处相沿有定规。若前人有已甚者，则去之。若无害于民，不妨仍旧。断不可于饯头加重。加重此敛怨之道也。居官以得民心为主，为民间省一分，则受二分之赐，诵声亦易起矣。

银匠需择人。加派一事最碍官声，最为民害。如地方有大役，必出于地丁。正项之外者，必有院、道、府通行明文，看别州县如何行，本县往年遇此等大役如何行，与邻封、同寅、本县绅衿详酌尽善，禀命于府，然后行之。断断不可一毫染指，切嘱，切嘱！

常平仓米谷盛贮，须择高燥爽垲之地，以防浥烂。又须峻其墙垣，严其锁钥，以老成殷实人专司其事。此项近往往为有司之累，不可不慎。

民壮快手，选少壮恩实者，暇日教之习射，亦有得力处。

驭胥役辈要严，亦要体恤人情，勿近刻薄。最不可令吏胥等，有时道用事之名。

非万不得已，不可轻易借贷，亦系官评也。

必实实有真诚与民同休戚之意，民未有不感动者，不恃智术驾驭。

> 遇下犯上，贱凌贵，奴欺主之辈，当严正名分，以维风俗。
> 右五十条随忆随书，未有伦次，汝时时玩味遵行，庶几寡过，慎勿忽也。后有忆及者续寄钞入。①

《手镜》共有50个条目，洋洋3000字，全都是周到的嘱咐，殷勤的叮咛。越过300多年的岁月沧桑，透过这些耳提面命般的谆谆教诲，我们仍然可以切身感受到王士禛对于初次出仕的儿子的深沉父爱。同时，这也是王士禛一生为人处世、为官从政的经验总结。

康熙三十六年（1697年），王士禛在户部左侍郎任上时，其子王启汸出任唐山知县候补知州。当时王启汸不过年届弱冠，获此重任当然让王士禛放心不下。于是他总结自己做官的经验准则五十条，亲自手书下来，寄给儿子。并让其"置座右"，天天学习对照，指导言行。

王士禛在该家书中明确提出，做一个好官必须恪守三个字："清慎勤"。王士禛一生恪守这三个字，仕宦45年，长期在兵部、户部、都察院、刑部等重要部门任职。他始终廉洁自励，不贪一钱。事无巨细，均条分缕析，有据可查；案无大小，都认真核实，确保证据确凿，杜绝冤假错案。公务为重，急百姓之所急，夜批卷宗，高效办案，仅4年扬州府推官任上即"完结大案八十有三"。

---

① 张明主编：《王士禛志》，山东人民出版社2009年版，第510—515页。

因此，他不仅获得了百姓的广泛赞誉，而且多次得到康熙皇帝的赏赐，记载的御赐墨宝达 13 件之多。

那么，《手镜》带给我们的启示又是什么呢？

"清慎勤"是王士祯毕生恪守的为官准则，也是他们良好家风的核心要义。辩证来看，"清慎勤"这三字虽然体现的是传统的为官智慧和为官境界，但完全可以成为我们今天为官者的精神养分。我们要常修这三门课，用自己的言行诠释出"清慎勤"的深刻内涵和厚重色彩。

第一，要心清。古人讲，"源洁则流清，形端则影直"，"淡到秋菊何妨瘦，清到梅花不畏寒"。唯有正本清源、志向高洁，才能保持清廉自守、清风劲吹。近年来，不管是拍落的"苍蝇"，还是打掉的"老虎"，都是"临财当事，不能自克"，失去了"清"的操守。我们要自觉用坚定的理想信念抵御各种不良风气的侵扰，充分认识自己肩上所负担的职责，坚守思想道德防线、坚守廉洁从政底线，不断净化灵魂、激浊扬清，做到信仰如炬、守志如初。

"无暮夜枉法之金，清也"，说的是没有在夜晚收受枉法的钱财之事，就是清，这在王士祯的仕宦生涯中有充分的体现。王士祯始终廉洁自律，不贪一钱，这得益于其良好家风的熏陶和严格的自律。王士祯出生于官宦世家、书香门第，他的四世祖王重光曾任明朝户部员外郎，秉性刚直、不贪财物；祖父王象晋为明朝布政使，为人宽厚正直、"爱国爱民、急公好义"；父亲王与敕也时常教育儿子"为国效力"。

康熙三十一年（1692 年），王士祯调任户部右侍郎，主管宝泉局督理钱法，掌铸钱之事。当时，旧例铸出钱币都要向主管官员呈送样钱，这实际上是向主管官员行贿。王士祯主管宝泉局后，力主革除此弊，从上任到离任，未接收过一文"样钱"，也未派任何人到钱局索要过"样钱"，可谓一尘不染。

不仅自己洁身自律，王士祯对官商勾结、贪污腐败等现象也深恶痛绝。康熙八年（1669年），王士祯到江苏清江浦海关造船厂任职。清江浦为水陆要道，但当时那里官商勾结、沆瀣一气，造船厂的木材采购和海船制造大都被奸商操控，且疏于管理，所造船只质量低下，甚至连风浪都抵挡不住。王士祯到任后，顶住各方压力，明察暗访，最终揭露了木材商人汤甲以行贿为手段操纵各级官员的罪状。他将此事上疏朝廷，并提出了建立相应管理制度的建议，从而使清江浦面貌焕然一新。

王士祯为政之余，"手不释卷""无声色、博弈之好，唯嗜读书"。他有藏书的爱好，所得俸钱大都用以购书，以至于当他71岁罢官离京时，全部家当就是"图书数簏而已"。自云："山人官扬州五年，不名一钱，急装时，惟图书数十篋。尝有诗云'四年只饮邗江水，数卷图书万首诗！'"吏部侍郎赵士麟称赞王士祯："公真今日之泰山北斗也""清风亮节，坐镇雅俗，不立门户，不急弹劾，务以忠厚博大培养元气，真朝廷大臣也。"

第二，要行慎。《论语》有云："多闻阙疑，慎言其余，则寡尤。多见阙殆，慎行其余，则寡悔。"慎，就是要慎言慎行、慎独慎微。做到台前台后一个样、人前人后一个样，需要我们时时勤于自省、处处自觉自律，要常怀敬畏之心，明辨是非、善恶、美丑，常念"紧箍咒"，长打"预防针"，洁身自好、存正祛邪，不断增强防腐拒变的"免疫力"，在点滴小事中知品行、见人格。同时，要涵养良好的家风，真正让家风成为砥砺品行的"磨刀石"和抵御贪腐的无形"防火墙"。

第三，要身勤。"一勤天下无难事。"对我们来讲，勤就是要扑下身子抓落实。基层领导干部与群众距离最近，勤不勤的一个标准就是能不能真心实意为群众办事，解决群众的切身问题。面对发展日新月异、工作日趋复杂的形势，广大官员要勤学、勤勉、勤政，做到在其位、谋其政、负其责、尽其力，主动到项目建设主战场、脱贫攻坚第一线、社会稳定最前沿等艰苦岗位、吃劲岗位上，磨炼自己、锤炼意志，多接一接"烫手山芋"，多当几回"热锅上的蚂蚁"，把组织交给的任务不折不扣落实到位，干出实效、干出亮点。

在王士禛看来，早起劳作，入夜反省，做事不懈怠、不玩忽职守，就是勤。王士禛从小就勤奋好学，至老不倦。他6岁入学，8岁能诗，17岁应童子试，三试皆为第一名，被称为"神童"。24岁时，在济南大明湖赋《秋柳》诗四首，影响广泛，为他后来的诗坛领袖地位奠定了良好的基础。他在72岁时写作《香祖笔记》，76岁完成《古夫于亭杂录》和《分甘余话》。后来，重病卧床之际，他通过口授的方式，命儿子启开帮助编写《带经堂》，共92卷，收入他的诗4000余首。还没等到刊印，王士禛就离世了。

在良好家风的熏陶和父亲的谆谆教导下，王士禛的儿子以先祖为榜样，恪守父训。王士禛的长子王启涑，自幼勤奋好学，著有《西城别墅诗》《因继集》等。三子王启汸任唐山县知县，候补知州，他为官期间清廉自律，勤政爱民，成为百姓爱戴的好官。

综上所述，《手镜》涵盖了王士祯在立身处世、从政为官、执法审刑等方面的真知灼见，不仅在当时难能可贵，而且对今天的加强廉政建设、教育子女具有重要的启示意义，真可谓清官教子的典范，为人处世之必读，为政做官之秘笈！

第十八讲

《曾国藩家书》：真实生动的生活宝鉴

　　《曾国藩家书》是曾国藩的书信集，成书于19世纪中叶。该书信集记录的时间从道光二十年到同治十年（1840—1871年），涉及内容极为广泛，包括修身、教子、持家、交友、用人、处世、理财、治学、治军、为政等方面，是曾国藩一生的主要活动和其治政、治家、治学之道的生动反映。家书行文从容镇定，不拘形式，挥笔自如，有感而发，在平淡家常中蕴育真知良言，具有极强的说服力和感召力。尽管曾国藩留传下来的著作不多，但仅就这部家书，便可窥见他的学识造诣和道德修养。曾国藩作为清代著名的理学家、文学家，对书信格式极为讲究，显示了他恭肃严谨的作风。《曾国藩家书》共收录曾国藩家书435篇，其中《与祖父书》14篇，《与父母书》48篇，《与叔父书》9篇,《与弟书》249篇,《教子书》115篇；另附《致夫人书》《教侄书》等7篇，内容包括修身养性、为人处世、交友识人、持家教子、治军从政等，上自祖父母至父辈，中对诸弟，下及儿辈。

我们先来认识一下被誉为"晚清中兴第一名臣"的曾国藩。

> 曾国藩（1811—1872年），初名子城，字伯涵，号涤生，宗圣曾子七十世孙。晚清时期政治家、战略家、理学家、文学家、书法家，湘军的创立者和统帅。
>
> 曾国藩出生在一个普通耕读家庭，自幼勤奋好学，6岁入塾读书。8岁能读四书、诵五经，14岁能读《周礼》《史记》文选。道光十八年（1838年）中进士，入翰林院，为军机大臣穆彰阿门生。累迁内阁学士、礼部侍郎等，与大学士倭仁、徽宁道何桂珍等为密友，以"实学"相砥砺。太平天国运动时，曾国藩组建湘军，力挽狂澜，经过多年鏖战后攻灭太平天国。其一生奉行"为政以耐烦"为第一要义，主张凡事要勤俭廉劳，不可为官自傲。他修身律己，以德求官，礼治为先，以忠谋政，在官场上获得了巨大的成功。

曾国藩的崛起，对清朝的政治、军事、文化、经济等方面都产生了深远的影响。在曾国藩的倡议下，建造了中国第一艘轮船，建立了第一所兵工学堂，印刷翻译了第一批西方书籍，安排了第一批赴美留学生。可以说，曾国藩是中国近代化建设的开拓者。曾国藩与胡林翼并称"曾胡"，与李鸿章、左宗棠、张之洞并称"晚清中兴四大名臣"。官至两江总督、直隶总督、武英殿大学士，封一等毅勇侯，谥号"文正"，后世称"曾文正"。

那么，《曾国藩家书》的具体内容是什么？我们从中可以受到怎样的启示呢？让我们打开这部家训一探究竟。

在为人处世上，曾国藩终生以"拙诚""坚忍"行事。他在致其弟信中说："吾自信亦笃实人，只为阅历世途，饱更事变，略参些机权作用，便把自家学坏了！贤弟此刻在外，亦急需将笃实复还，万不可走入机巧一路，日趋日下也。"至于坚忍功夫，曾国藩可算修炼到了极点，他说："困心横虑，正是磨炼英雄，玉汝于成。李申夫尝谓余恘气从不说出，一味忍耐，徐图自强。因引谚曰：'好汉打脱牙和血吞。'此二语，是余生平咬牙立志之诀。余庚戌辛亥间，为京师权贵所唾骂；癸丑甲寅，为长沙所唾骂；乙卯丙辰为江西所唾骂；以及岳州之败，靖港之败，湖口之败，盖打脱牙之时多矣，无一次不和血吞之。"曾国藩崇尚坚忍实干，不仅在得意时埋头苦干，尤其是在失意时绝不灰心，他在安慰其弟曾国荃连吃两次败仗的信中说："另起炉灶，重开世界，安知此两番之大败，非天之磨炼英雄，使弟大有长进乎？谚云：'吃一堑，长一智。'吾生平长进，全在受挫辱之时。务须咬牙励志，费其气而长其智，切不可徒然自馁也。"

在持家教子方面，曾国藩主张勤俭持家，努力治学，睦邻友好，读书明理。他在家书中写道："余教儿女辈惟以勤俭谦三字为主。……弟每用一钱，均须三思，诸弟在家，宜教子侄守勤敬。吾在外既有权势，则家中子弟最易流于骄，流于佚，二字皆败家之道也。"他希望后代兢兢业业，努力治学。他常对子女说，只要有学问，就不怕没饭吃。他还说，门第太盛则会出事端，主张不把财产留给子孙，子孙不肖留亦无用，子孙图强，也不愁没饭吃,这就是他所谓的盈虚消长的道理。

曾国藩出生于一个以农耕为主的家庭,其祖父曾星冈对其有很深的影响。曾星冈年轻时可以说是一个纨绔子弟,据曾国藩所写的《大界墓表》记载,他年少时沉迷于游玩享乐,常骑马往返于湘潭的繁华市集,与一些浪荡子弟嬉戏玩乐,还经常睡到日上三竿。一次,族中长辈见他骑马路过,摇头叹息道,有这样一个败家子,曾家必将倾家荡产。听闻此言,曾星冈猛然醒悟,立即卖掉马匹,步行回家。自此,他一改纨绔做派,终其一生坚持天未亮就起床下田劳作。曾星冈在持家中注意总结经验,把早起与读书、种菜、养鱼、喂猪、打扫、祭祀、友邻等作为居家的法宝,要求全家人必须做到,对培养家风产生了重要影响。

受家风的影响,曾国藩修身处世皆以"勤"著称,而其所取得成就也离不开这个"勤"字。曾国藩读书十分勤奋。道光十六年(1836年),曾国藩赴京会试不中,返程途中买回一套印刷精美的《二十三史》,他"侵晨起读,中夜而休,泛览百家,足不出庭户,几一年"。出仕后,曾国藩为政之勤,也让人赞叹。任两江总督时,曾国藩主要公文,均自批自拟,很少假手他人,奏疏公牍,再三斟酌,无一过当之语自夸之词。任直隶总督时,他决意清理狱讼,重大案件均亲自审讯,半年之间结案4万多件,多年尘牍为之一清。

俭朴也是曾国藩所崇尚并践行的重要家风。曾国藩衣食极为俭朴,平时总穿土布衣,每顿只吃一个荤菜,"决不多摄"。任两江总督时,有一天他到扬州的一个盐商家做客。那个时候的盐商,可以说是富甲天下。曾国藩面对满桌子的山珍海味,只是低头吃自己身边的一点东西。下属见状问他是不是感觉饭菜不可口？曾国藩说了一句话让在座诸人非常吃惊："一食千金，吾不忍食，吾不忍睹。"另据《戈登在中国》一书记载，洋枪队长戈登曾在长江的船上见到曾国藩，令他没想到的是，这个指挥千军万马的大人物，居然身穿一件油迹斑斑的旧长衫，宛如一位乡下教书老先生。

曾国藩还把孝悌放在很重要的位置，非常看重家庭成员间的和睦。孝容易理解，就是对父母、对长辈的感恩、尊敬与赡养。悌是指兄弟之间和睦友爱，也就是同辈之间的融洽与和谐。曾国藩认为：天下官宦之家，一般只传一代就萧条了，因为大多是纨绔子弟；商贾之家，一般可传三代；耕读之家，也就是以治农与读书为根本的家庭，一般可兴旺五六代；而孝友之家，就是讲究孝悌、以和治家的家庭，往往可以绵延十代八代。在曾国藩家书里，写给弟弟们的信是最多的，可见他对兄弟之情的重视。

在治军用人方面，曾国藩对于武器和人的关系，他认为"用兵之道，在人不在器"，"攻杀之要，在人而不在兵"。在军队治理上主张以礼治军："带勇之法，用恩莫如用仁，用威莫如用礼"，"我辈带兵勇，如父兄带子弟一般，无银钱，无保举，尚是小事，切不可使他扰民而坏品行，因嫖赌洋烟而坏身体，个个学好，人人成材"。为使官兵严守纪律，爱护百姓，曾国藩亲做《爱民歌》以劝导官兵。

在战略战术上，他认为战争乃死生大事，应"先求稳当，次求变化"。在用人上，讲求"仁孝，血诚"原则，选拔经世致用的人才。选人标准是"崇实黜浮，力杜工巧之风"，因而石达开说"曾国藩不以善战名,而能识拔贤将"。曾国藩的幕府就是一所人才培训基地,李鸿章、左宗棠、彭玉麟、华蘅芳等都在其左右共事。

下面节选《曾国藩家书》中的一篇《致诸弟·劝弟谨记进德修业》[①],以飨读者。

四位老弟左右:

昨二十七日接信,快畅之至,以信多而处处详明也。四弟七夕诗甚佳,已详批诗后;从此多作诗亦甚好,但须有志有恒,乃有成就耳。余于诗亦有工夫,恨当世无韩昌黎及苏黄一辈人可与发吾狂言者。但人事太多,故不常作诗;用心思索,则无时敢忘之耳。

吾人只有进德、修业两事靠得住。进德,则孝弟仁义是也;修业,则诗文作字是也。此二者由我作主,得尺则我之尺也,得寸则我之寸也。今日进一分德,便算积了一升谷;明日修一分业,又算余了一文钱;德业并增,则家私日起。至于功名富贵,悉由命定,丝毫不能自主。昔某官有一门生为本省学政,托以两孙,当面拜为门生。后其两孙岁考临场大病,科考丁艰,竟不入学。数年后两孙乃皆入,其长者仍得两榜。此可见早迟之际,时刻皆有前走,尽其在我,听其在天,万不可稍生妄想。六弟天分较诸弟更高,今年受黜,未免愤怨,然及此正可困心横虑,大加卧薪尝胆之功,切不可因愤废学。

---

① (清)曾国藩著,赵焕祯注:《曾国藩家书》,崇文书局2012年版,第7—9页。

九弟劝我治家之法，甚有道理，喜甚慰甚！自荆七遣去后，家中亦甚整齐，待率五归家便知。书曰："非知之艰，行之维艰。"九弟所言之理，亦我所深知者，但不能庄严威厉，使人望若神明耳。自此后当以九弟言书诸绅，而刻刻警省。季弟天性笃厚，诚如四弟所云，乐何知！求我示读书之法，及进德之道。另纸开示。

作不具，国藩手草。

道光二十四年八月付九日

从《曾国藩家书》中，我们可以窥见其对当代教育的一些启示。

在学习方面，曾国藩的教育方法值得我们借鉴。首先要明确教育的目的，曾国藩"只求读书明理，不求升官发财"的教子理念在当今确实有规劝世俗化的作用。读书是为了让孩子明白道理，分辨是非，掌握技能和改变命运，具备完善的人格；并不是为了升官发财。所以不要给孩子灌输这样的思想，一方面让孩子不免世俗化气息过于浓厚，另一方面也会让孩子在求学的道路上背负太大的压力。其次要懂得注意培养良好的学习习惯，"授人以鱼，不如授人以渔"，要教育子女注意掌握如何学习的方法。曾国藩的读书指导中"有志、有识、有恒"三条原则是很好的读书学习方法，家长在教育子女过程中不妨沿着这样的三条原则加以引导，让孩子掌握好的学习方法，这将成为孩子一生受用不尽的宝贵财富。

在修身方面，曾国藩的教育方法同样值得我们借鉴。现在许多家庭存在教育误区，忽视孩子的人格品行教育，致使许多孩子在走向社会之后，很难融入社会。我们从曾国藩的家书中可以看到，他把做人与修身的教育放在了第一位，教育子女不仗势欺人，不作威作福。在封建时代像他这样的官宦之家能做到这一点实属罕见。同时他还不准自己的子女滥用特权。在曾纪泽奔赴长沙参加科考之时，曾国藩就教育他场前不可与州县来往，不可递送条子，进身之始，务知自重。这一点在我们当今这个"官二代""富二代"大行其道的时代的确具有振聋发聩之效。不仅如此，曾国藩还十分注重子女美好品德的培养，使他们不因为生于官宦之家就养成骄奢淫逸、贪图享乐的恶习，而是让他们养成勤劳俭朴和谦虚谨慎的好习惯，这对子女来说都将是受益无穷的。

　　曾国藩一直要求家人生活俭朴，远离奢华。为使子弟能做到俭，曾国藩作了许多具体规定：家中不可有余财；子弟不许坐轿，不许穿华丽衣服；不许使唤奴婢做取水添茶之事等。他在京城时，见到世家子弟一味地奢侈腐化、挥霍无度，便坚决不让子女来京，以免他们受到纨绔之气的浸染。曾国藩以俭持家，因而其在老家的夫人手无余钱，只能事事躬亲，亲自下厨烧灶、纺纱织布。当时乡里人都说，修善堂（办理乡团事务的地方）客人很多，常常吃饭要摆好几桌，杀一头猪所得的油，只够用3天；而黄金堂（曾国藩夫人所住的宅子）杀一只鸡的油，也能用3天。在要求家人俭朴上，即使是对自己最喜欢的"满女"曾纪芬，曾国藩也丝毫不放松要求。有一次，在迎接客人时，曾纪芬穿了缀青花边的黄绸裤。曾国藩看见后，马上教训她太奢侈。此事过后多年，曾国藩仍在家书中告诫女儿："衣服不宜多制，尤其不宜大镶大缘，过于绚烂。"

除了"俭",曾国藩对家人子女的另一项要求就是"勤"。他曾写信给儿子曾纪泽,专门对他每天的生活作出严格规定:每天起床后,衣服要穿戴整齐,先向伯、叔问安,然后把所有的房子打扫一遍,再坐下来读书,每天要练1000个字。他还给家里的妇人和女儿制订了一个雷打不动的"日程表",曾国藩对这件事非常重视,并且还要定期进行检查。曾国藩升任两江总督后,要求欧阳夫人要带头纺纱。同治二年(1863年),他给澄弟(曾国潢)的信中提到,"共办棉花车七架,每日纺声甚热闹"。贵为总督家属要自纺棉纱,堂堂督署后院纺车声终日不绝,曾氏家风之"勤"由此可见一斑。

曾国藩既注重督促子女读书,也注意培养子女的品行、品质。咸丰六年(1856年)九月,他写信给年幼的儿子曾纪鸿说:"凡人多望子孙为大官,余不愿为大官,但愿为读书明理之君子。勤俭自持,习劳习苦,可以处乐,可以处约。此君子也。"此外,久居高位的曾国藩看到不少世家因子弟奢、傲而走向衰败的事情,因此,他十分注意教育子女戒奢戒骄,要求他们谨慎交友、善待友邻及仆从。同治五年(1866年),湘乡要编修县志,各界人士举荐曾国藩的儿子曾纪泽任纂修。曾国藩闻讯,立即写信告诫曾纪泽,你尚年幼,担不起如此名望。曾纪泽严遵父训,辞去了纂修职名,但仍不遗余力地为修县志筹措经费、举贤荐能,出力甚多。

在教育子女后辈上,曾国藩的苦心孤诣、以身示范结出了累累硕果。100多年来,曾氏门庭名人辈出,多有所成。曾国藩三个儿子(曾国藩长子早夭,次子纪泽、三子纪鸿),五个女儿,在他的教诲下均秉承了好学、勤奋、俭朴、孝悌的良好家风。在读书为明理的家教影响下，曾国藩的次子曾纪泽只参加了一次乡试后，就专心攻读外文，阅览大量的西方著作，悉心学习西方文化，在外交方面显示了他的才干，成为中国近代著名的爱国外交家。三子曾纪鸿，专攻天文、算学，取得了不小的成绩。曾国藩的女儿，在家风家教的熏陶下，出嫁后都是勤俭持家的贤妻良母。尤其是曾国藩最疼爱的"满女"曾纪芬嫁入衡山聂家后，秉承勤俭美德，丝毫没有千金小姐的娇纵习气，相夫教子、勤俭持家，使聂家门庭不断兴旺发达。

曾国藩家书自成书以来便风靡流行，历久不衰。后经多家取舍整理，形成多种版本。这些家书真实而又细密，平常而又深入，是一部真实而又生动的生活宝鉴。

第十九讲
《梁启超家书》：家国情怀　奉献社会

梁启超是中国近现代史上具有巨大影响力的响当当的人物：作为政治家，他是戊戌变法的领袖之一，中国近代维新派的重要代表人物；作为思想家，他开启民智，令民主共和观念深入人心；作为文学家，就像黄遵宪所评价的那样，他"惊心动魄，一字千金，人人笔下所无，却为人人意中所有，虽铁石人亦应感动"；作为史学家，他被誉为中国"新史学的奠基者"，对资产阶级新史学提出了明确主张；作为教育家，他的学生遍布天下，如我们熟知的近代伟大的爱国者，著名政治家、军事家、民主革命家蔡锷，现代散文家、新月派诗人徐志摩，中华民国的军事教育家蒋百里等，更令人赞叹的是，梁启超共育有九个儿女，九个儿女个个都知书达理、德才兼备，人人都朝气蓬勃、爱国向上，成为了那个时代的杰出人才。我们先来认识一下梁启超。

> 梁启超（1873—1929年），字卓如，一字任甫，号任公，又号饮冰室主人、饮冰子、哀时客、中国之新民、自由斋主人。清朝光绪年间举人，中国近代思想家、政治家、教育家、史学家、文学家。戊戌变法（百日维新）领袖之一，中国近代维新派代表人物。

梁启超幼年时从师学习，8岁学为文，9岁下笔千言，17岁中举。后师从康有为，成为资产阶级改良派的宣传家。维新变法前，与康有为一起联合各省举人发动"公车上书"运动，先后领导北京和上海的强学会；又与黄遵宪一起创办《时务报》，任长沙时务学堂主讲，并著《变法通议》，为变法做宣传。戊戌变法失败后，与康有为一起流亡日本，政治思想上逐渐走向保守。逃亡日本后，梁启超继续推广"诗界革命"，批判了以往那种诗中运用新名词以表新意的做法。在海外推动君主立宪。辛亥革命之后一度入袁世凯政府，担任司法总长；之后对袁世凯称帝、张勋复辟等严词抨击，并加入段祺瑞政府。他倡导新文化运动，支持五四运动。其著作合编为《饮冰室合集》。

接下来，为大家选择《梁启超家书》中的10句话，以窥见梁启超的教子经验。

1. 莫问收获，但问耕耘

1927年2月6日，梁启超给孩子的信中写道，"至于将来能否大成，大成到什么程度，当然还是以天才为之分限。我平生最服膺曾文正两句话：'莫问收获，但问耕耘。'将来成就如何，现在想它作甚？着急它作甚？一面不可骄盈自满，一面又不可怯弱自馁，尽自己能力做去，做到哪里是哪里，如此则可以无入而不自得，而于社会亦总有多少贡献。我一生学问得力专在此一点，我盼望你们都能应用我这点精神。"在这封信中，梁启超用曾国藩"莫问收获，但问耕耘"这句名言教育孩子，意在说明，我们做事，不能只想着回报、酬劳，更要想着把事情做好，耕耘好自己的一片天地，自然会有好的结果。

2. 不要填鸭式的教育

"学习不必太求猛进，像装罐头样子，塞得越多越急，不见得便会受益。"在这里，梁启超反对填鸭式的教育，他在书信中说得最多的是安慰、劝解的话，很少给孩子们提出什么具体的学习目标。

3. 与子女做朋友

"我晚上在院子里徘徊，对着月亮想你们，也在这里唱起来，你们听见没有？"梁启超在给儿女的信中，常常称呼自己的孩子为"宝贝""baby"，梁启超教育孩子最大的一个特点就是与孩子们做朋友。梁启超给儿女们的信比孩子给他的信多很多，作为父亲，亲自给孩子们写信，亲自与孩子们交谈，与他们谈学习、交友、恋爱、生活、政事等，每一件事都娓娓道来，没有家长作风，很值得我们今日的家长学习。

4. 做家长要有趣味，养出的孩子才能有趣味

梁启超教育子女褒多于贬，以鼓励为主，尤其强调生活的趣味。在《学问之趣味》一文中，梁启超说："凡人必常常生活于趣味之中，生活才有价值。若哭丧着脸挨过几十年，那么生命便成为沙漠，要来何用？"他写信告诫在美国留学的梁思成："我怕你因所学太专门之故，把生活也弄成近于单调，太单调的

生活，容易厌倦，厌倦即为苦恼，乃至堕落之根源。"

1928年5月24日，在写给梁思成、林徽因的信中指导他们如何写游记，"能做成一部'审美的'游记也算得中国空前的著述。况且你们是蜜月快游，可以把许多温馨芳洁的爱感，迸溢在字里行间，用点心去做，可以是极有价值的作品"。梁思成与林徽因结婚后，去欧洲度蜜月。他们的蜜月之旅浪漫而温馨，他们每去一个地方，都是有目的地考察。欧洲的经典建筑，让他们体会到了建筑艺术的博大精深，这是一次空间的穿越，更是一种真正意义上的学术游历。这种结婚旅行，比当下单纯为了新奇和时尚的观光旅游更有意义。

对每个孩子的特点，梁启超都会用心揣摩、体察，因材施教，对他们的前途做出周到的考虑和安排，然后，还会反复征求孩子的意见，直到他们满意为止。次女思庄留学加拿大著名的麦基尔大学，1927年8月，思庄读大学已一年，该选具体专业了。梁启超考虑到现代生物学在当时的中国还是空白，希望她学这门专业。思庄遵从了父亲的意愿，但麦基尔大学的生物学教授课讲得不好，无法引起思庄的兴趣，她十分苦恼，向大哥思成叙说。梁启超知道后，心中大悔，深为自己的引导不安，赶紧写信给思庄。思庄遂改学图书馆学，最终成为我国著名的图书馆学家。

5. 做人要有几分"孩子气"

1925年7月10日在《致孩子们》的信中，梁启超这样写道，我说你"别耍孩子气"，这是叫你对于正事——如做功课，以及料理自己本身各事等——自己要拿主意，不要依赖人。至于做人带几分孩子气，原是好的。你看爹爹有时还"有童心"

呢。梁启超说有两种孩子气，一种是任性、耍小孩子脾气；另一种就是我们说的童心童趣。

6. 做学问总要"猛火熬"和"慢火炖"交替循环

梁启超告诫孩子，"凡做学问总要'猛火熬'和'慢火炖'两种工作循环交互着用去。在慢火炖的时候才能令所熬的起消化作用、融洽而实有诸己。思成你已经熬过三年了，这一年正该用慢火炖的功夫"。

猛火熬和慢火炖，就是要我们处理好学习知识和消化知识的关系。

7. 做官不是安身立命之所

1916年10月11日，在《致梁思顺》的信中，梁启超说，"做官实易损人格，易习于懒惰与巧滑，终非安身立命之所"。每个家长都有很多自己悟到的人生经验传给自己孩子，梁启超不愿意也不主张自己的孩子踏入官场这个"大染缸"。

1927年，在美学习军事的思忠急欲回国，参与革命，一向热心国事的梁启超却不同意，他认可儿子"改造环境，吃苦冒险"的精神，却又耐心述说国内令人失望的复杂政局，希望儿子不要误会老父苦心，继续深造。

8. 尽责尽力，就是第一等人物

"天下事业无所谓大小，只要在自己的责任内，尽自己力量做去，便是第一等人物。"这是1923年11月5日在《致梁思顺》的信中说的一段话。梁启超教育孩子，尽职尽责就是第一等人物，这个标准看起来很简单，其实是非常高的要求。很多父母都希望自己的孩子能够干大事、创大业，其实人首先要做的就是承担起自己的责任。一个不懂得承担责任的人，即便做成大事，也会很快失败。

梁启超的父亲梁宝瑛，字莲涧，人称莲涧先生。虽然不曾博得半点功名，但他退居乡里，教书育人，也深得乡民的爱戴。当年，梁启超从护国前线回到上海，得知父亲已于一个多月前去世，曾怀着悲痛心情写下《哀启》一文，其中讲道，他和几个兄弟、堂兄弟，从小就在父亲执教的私塾中读书，他的学业根底、立身根基，一丝一毫都来自父亲的教诲。在梁启超眼里，父亲是个不苟言笑、中规中矩的人，在孩子们面前，他总是显得十分严肃。作为父亲，他不仅督促儿子刻苦读书，还要求他参加一些田间劳动，言语举止也要谨守礼仪，如果违反了家风、家训，他决不姑息，一定严厉训诫。他对梁启超说得最多的一句话就是，你把自己看作是个平常的孩子吗？"汝自视乃如常儿乎！"梁启超说，这句话他此生此世一直不敢忘。

9. 我对于你们的功课绝不责备

次女思庄初到加拿大留学时，英文有些困难，一次考试在班上得了第16名，为此极不痛快。梁启超得知后写信鼓励她说："庄庄：成绩如此，我很满足了。因为你原是提高一年，和那按级递升的洋孩子们竞争，能在37人中考到第16，真亏你了。好乖乖不必着急，只需用相当努力便好了。"

1928年5月13日，在《致梁思顺》的信中，梁启超说，"庄庄今年考试，纵使不及格，也不要紧，千万别要着急，因为她本勉强进大学。你们兄妹各个都能勤学向上，我对于你们的功课绝不责备，却是因为赶课太过，闹出病来，倒令我不放心了"。当时女儿梁思庄刚到国外学习，一时无法适应，梁启超在信中写道："至于未能立进大学，这有什么要紧，求学问不是求文凭，总要把墙基越筑得厚越好。"可见梁启超关注的是孩子的基础是否牢固，而所谓的成绩和分数，不过是表面的东西。

长子梁思成好学不倦，梁启超尤其担心他的身体，每次写信都要询问。还对思成说："你生来体气不如弟妹们强壮，自己便当格外撙节补救，若用力过猛，把将来一身健康的幸福削减去，这是何等不上算的事呀。"

10. 通达、健强的人生观，是保持乐观的要诀

"我有极通达、极健强、极伟大的人生观，无论何种境遇，常常是乐观的。"这是梁启超1928年5月13日在《致梁思顺》信中写的。

梁启超认为，给孩子树立通达、健强的人生观，比教育他们学具体的知识更为重要。这种通达、健强的人生观能让孩子在逆境中保持乐观的态度，帮助他们战胜困难。

那么，《梁启超家书》的特点是什么？给我们带来了怎样的启示？

在1910—1930年，梁启超把思成、思永、思忠、思庄送往国外学习，这期间梁启超与子女有密切的书信来往，共给他们写了400余封家书。梁思顺是梁启超的长女，既是父亲的助手，又是弟妹们的领班，她去加拿大后，成为弟妹们联系的核心，因此梁启超的信多先寄到思顺处再由其他子女传阅。

在家书中，梁启超对子女们读书、写字、学习课程，选择学校、选择专业、选择职业等各方面都给予指导，但从不强迫命令。他与孩子们之间除父亲与子女之情外，还是亲切的导师、知心的朋友。孩子们也向他坦诚地诉说学习和思想上的困惑，并发表自己的观点，提出不解的问题及个人前途的选择，这一

切梁启超均能逐个给予详尽的解答并予以鼓励。

第一，家国情怀、贡献社会。梁启超特别关注子女们人格道德品质方面的修养，希望自己的子女都具有"不惑""不忧""不惧"的君子德行，养成健全的人格，成为新民。无论遇到何事都能有睿智的判断、坚定的信念和勇敢不惧的精神。梁启超注重把自己的爱国情怀传给子女们，在家书中，他常教育孩子们要把个人努力和对社会的贡献紧密联系在一起，以报效祖国。梁氏9个子女7个留学海外，皆学有所成，却无一例外都回到祖国，体现了爱国家风的良好传承。

第二，充满爱心、洋溢亲情。在家书中，梁启超没有疾言厉色的训斥，也没有居高临下的口气，更没有顽固不化的面孔，反而处处渗透着炽热的情感，亲切的称呼、细致的关怀、深情的思念、真诚的告白、娓娓的诉说、谆谆的教诲，无不展露出梁启超深深的父爱。

显然，梁启超是个开明的父亲，也是一个高明的教育家，他在性情、品格以及眼界、胸怀等诸多方面都高人一筹。他的家风与家教，也往往是从大处着眼，小处着手。他写给孩子们的每一封信，都传递着他的体温，娓娓道来，透着坦诚、平和、真挚和暖意，种种人生道理就这样在"润物细无声"的诉说中潜移默化地影响着孩子。观其一生，他就像一个辛勤的园丁，耕耘劳作，心血浇灌，最终结出了丰硕果实，9个子女，个个成才。

长子梁思成、次子梁思永、五子梁思礼三人均为中国科学院院士；三子梁思忠是毕业于西点军校的军官；四子梁思达是毕业于南开大学的经济研究者；长女梁思顺为诗词研究专家；

次女梁思庄为著名图书馆学家；三女梁思懿为社会活动家；四女梁思宁是新四军早期革命者，梁氏家风与家教在儿女中得以传承。

　　清华研究院的高才生谢国桢曾在梁家任教，他对梁氏的家风家教羡慕到极点，常和同学们说，要学先生，须从家庭学起。无论如何，梁启超的为父之道和家风家教是留给后人的宝贵财富，是值得我们认真对待和效法的。

第二十讲
《傅雷家书》：苦心孤诣的教子名篇

　　《傅雷家书》是我国文学艺术翻译家傅雷及夫人朱梅馥于1954年到1966年间写给孩子傅聪、傅敏的家信摘编，由次子傅敏编辑而成。《傅雷家书》经历了30多年的出版过程，不断增加书信内容，从一本十几万字的小册子变为了一本傅家大书。该书是一本优秀的青年思想修养读物，是素质教育的经典范本，是充满浓浓父爱的教子名篇。他们苦心孤诣、呕心沥血地培养两个孩子，教育他们先做人，后成"家"，是培养孩子独立思考、因材施教等教育思想的成功体现，因此傅雷夫妇也成为了中国当代家庭教育的典范父母。20世纪60年代初，傅雷因在翻译巴尔扎克作品方面的卓越贡献，被法国巴尔扎克研究会吸收为会员。但傅雷在国内影响更大更广为人知的是其代表作品《傅雷家书》。我们先来认识一下傅雷其人。

> 傅雷（1908—1966年），生于江苏省南汇县（今上海市浦东新区），中国翻译家、作家、教育家、美术评论家，中国民主促进会（民进）的重要缔造者之一。傅雷早年留学法国巴黎大学。他翻译了大量的法文作品，其中包括巴尔扎克、罗曼·罗兰、伏尔泰等名家著作。

从《傅雷家书》中，今天的父母能得到怎样的启迪呢？

第一，父母应先教会子女做人，对子女的爱要适度。在《傅雷家书》中，无一不流露出了一个父亲对儿子的谆谆教诲和关心体贴，在那个年代，傅雷通过书信的方式含蓄地表达了一个父亲对儿子浓浓的爱，书中"亲爱的孩子，你走后第二天，就想写信，怕你嫌烦，也就罢了。可是没一天不想着你，每天清早六七点钟就醒，翻来覆去地睡不着，也说不出为什么。好像克利斯朵夫的母亲独自守在家里，想起孩子童年一幕幕的形象一样，我和你妈妈老是想着你二三岁到六七岁间的小故事"，体现了傅雷对傅聪离家的恋恋不舍但又不得不为的矛盾心理。

爱孩子，就让他向外发展，让他在经历风雨后学会成长。傅雷夫妇对傅聪和傅敏的爱，是那么含蓄却又深刻。他们没有把他们宠成温室里的花朵，当傅聪遇到挫折跌倒哭泣时，傅雷并没有心疼地把傅聪扶起来然后跟他说"孩子，前面有困难，咱不前行了"，而是通过和风细雨般的鼓励，让傅聪自己爬起来，然后勇敢地向前；溺爱不是爱，而是害，爱他不等于包容他的错误，面对错误，他鼓励傅聪"一个人惟有敢于正视现实，正视错误，用理智分析，彻底感悟，才不至于被回忆侵蚀。我相信你逐渐会学会这一套，越来越坚强的"。他告诉儿子，做人不仅要做一个有品德的人，还要做一个对社会有用的人。傅雷用自己的亲身经历，告诫傅聪要有民族荣辱感，做一个宽容大度的人。

傅雷从小深受父亲的教育，要自尊自强。一年暑假，傅雷与同伴一起去同伴的爷爷家玩。同伴的爷爷是一位退伍军官，住在一座独院的两层小洋房内。小男孩被眼前的景象惊呆了，一直住在烂泥屋子里的他，哪见过这样栽着花种着草的院子和被粉刷得漂漂亮亮的房子？特别是当同伴的爷爷和蔼地叫他脱鞋进屋时，他扭捏了半天也不敢进去，因为那光滑的木质地板比他睡觉的床都不知好多少倍。最后，他在屋子里坐着，挪都不敢挪一步，生怕把地板踩坏了似的。回家的路上，男孩是一个人哭着回来的，怎么别人家脚踩的地方都远远胜过自己睡觉的地方？回家后，他向母亲哭诉。母亲听完后，为孩子擦干眼泪，平静地说："孩子，我们不必羡慕别人家漂亮的地板，再漂亮的地板也是被人踩的，只要我们好好地活着，不自卑地活着，有尊严地活着，任何漂亮的地板我们都可以把它踩在脚下。"男孩擦擦眼睛，似懂非懂地点了点头。后来，男孩读中学了，他随母亲一起从乡下搬进了小镇。几年后，历经坎坷，他又随母亲来到上海。昔日的小男孩，已长大成人，他走过的地板越来越漂亮，但他时刻也没有忘记母亲的话。虽然他仍旧贫穷，虽然他见过许许多多漂亮的地板，但他从来没有自卑过、难受过，那些漂亮的地板上，只留下他昂首前行的脚印。而那些脚印，则可让后世敬仰，因为那孩子成了大翻译家——傅雷。

第二，父母应该了解子女的兴趣，成为子女的朋友。傅雷在家书中提到"我高兴的是我又多了一个朋友，儿子变成了朋友，世界上有什么事可以和这种幸福相比？"朋友的意义，首先在于感情上、精神上的互相理解与慰藉。当傅聪情绪消沉时，可以毫无顾虑地向父亲倾诉，而父亲并没有高高在上、横加训斥，或者说些教条式的训诫；相反，他能够充分理解儿子的痛苦，尽力地勉励安慰儿子，让儿子觉得内心暖暖的；然后与儿子倾心交谈，以十分平等的口气给他提出一些人生的忠告，让儿子感受到来自父亲的力量。父子之间就像朋友一样，志同道合，互为知音。傅雷与傅聪对音乐艺术有许多共同的感受可以交流，可以互相补充、互相借鉴，这是"父子如朋友"的体现。

作为傅聪和傅敏的父亲和朋友，傅雷不仅谈艺术学习，还谈生活、恋爱，谈做人，谈修养，甚至于儿子写错字，父亲也会"郑重其事"地指出并耐心分析纠正。也正是这种方式而不是其他方式，使得我们可以清楚地感受到，著名文艺评论家、文学翻译家傅雷先生做人、做学问的细致严谨、认真的态度和作风。

傅雷先生爱儿子，但绝不溺爱娇纵。他把对儿子傅聪做人的教育寓于立身行事、待人接物的家庭生活之中。诸如穿衣、吃饭、站立、行动、说话这样的生活小事，傅雷都提出了严格的要求。傅雷抓住孩子思维具体形象的特点，把做人的教育贯穿在孩子能接触到的、易于理解的日常生活之中，逐步提高孩子辨别是非的能力，加深孩子道德情感的体验，培养他良好的行为习惯。正是这些做法、使傅聪从小就身心健康，举止端庄，为傅聪长大成人后能适应复杂的社会生活奠定了基础。

第三，《傅雷家书》在当下仍然具有重要的社会意义。作为一部影响几代人的修养读物，对当代父母与孩子的教育关系起到了典范作用。尽管《傅雷家书》的辞藻没有那么优美华丽，而是通过平实的语言来含蓄表达一个父亲对孩子的爱。爱孩子，就要引导他学会独立，学会坚强，学会谦逊，学会面对挫折时勇往直前，学会在收获成功时懂得戒骄戒躁，学会做一个有责任心的人，学会做一个对社会有用的人，而这一切的一切，不正是我们所向往的新型两代关系吗？《傅雷家书》对当今社会处理好家庭关系、弘扬优良的家教家风起到了很好的导向作用，值得今天的父母们学习和借鉴。